Guide de l'Herbier "DAKAR"

Avec un inventaire réalisé en Mars 1996 et une liste des collections de J. Bérhaut

Par A. T. Bâ, J. E. Madsen, et B. Sambou

1998

AAU REPORTS 38

Département de Systématique Botanique, Université de Aarhus

ce volume a été elaboré en collaboration avec:

*Département de Biologie Végétal, l'Université Cheikh Anta Diop, Dakar &
Institut des Sciences de l'Environnement, Université Cheikh Anta Diop, Dakar*

AUTEURS

Amadou Tidiane BÂ. Né en 1944; DEA, 1972 et Doctorat de 3ème Cycle, 1974 en Botanique tropicale à l'Université Paris VI; Doctorat d'État, 1983 en Botanique tropicale à l'Université de Dakar; Professeur Titulaire à l'Université de Dakar; Directeur de l'Institut des Sciences de l'Environnement depuis 1982; Chef du Département de Biologie Végétale depuis 1984; Membre du Comité Consultatif du Centre International pour l'Ecologie Tropicale; Membre de la Commission Ecologique de IUCN; Membre de la Société Américane pour la Physiologie Végétale; Conseiller Technique Principal du Réseau Africain de Biosciences; Membre du Comité d'évaluation de IGBP. Adresse: Institut des Sciences de l'Environnement, Faculté des Sciences et Techniques, Université Cheikh Anta Diop, Dakar, Sénégal. Tél.: (+221)8248001; Tél./Fax: (+221)8242104; Fax: (+221)8243714; email: ise@telecomplus.sn

Jens Elgaard MADSEN. Né en 1959; MSc, 1987 et PhD, 1992 en Botanique tropicale au Département de Systématique botanique, Institut des Sciences Biologiques, Université de Aarhus; Chercheur basé à Isla Puná et Loja, Equateur (1987—1989) et à Dakar, Sénégal (1993—1995). Chercheur Associé au Département de Systématique Botanique, Université de Aarhus, depuis 1996 dans le cadre du projet SEREIN basé au Burkina Faso. Adresse: Institute of Biological Sciences, 68 Nordlandsvej, DK-8240 Risskov, Denmark. Tel.: (+45)89424711; Fax: (+45) 89424747; email: jens.madsen@biology.aau.dk

Bienvenu SAMBOU. Né en 1956; DEA, 1985 et Doctorat de 3ème Cycle, 1989 en Botanique tropicale à l'Université de Dakar; Maître-Assistant à l'Institut des Sciences de l'Environnement; Coordonnateur sénégalais depuis 1992 du projet de collaboration en matière de formation et de recherche entre l'Université de Aarhus (Danemark), l'Université Cheikh Anta Diop de Dakar (Sénégal), l'Université de Ouagadougou (Burkina Faso), financé par le gouvernement du Royaume du Danemark. Adresse: Institut des Sciences de l'Environnement, Faculté des Sciences et Techniques, Université Cheikh Anta Diop, Dakar, Sénégal. Tél.: (+221)8254821; Fax: (+221)8243714; email: enrecada@telecomplus.sn

SOMMAIRE

PRÉFACE

Ce livret décrit l'herbier du Département de Biologie Végétale, Faculté des Sciences et Tehniques, Université Cheikh Anta Diop de Dakar, Sénégal, connu sous le nom de herbier DAKAR de par son acronyme dans la liste internationale des herbiers du monde, Index Herbariorum. Avec ses 38 ans d'existence, l'herbier DAKAR est un jeune herbier. C'est aussi un herbier relativement petit avec un peu plus de 10.000 échantillons. Il est cependant remarquable de par son jeune staff, d'un dynamisme et d'un enthousiasme peu courant, qui a contribué à son développement récent aussi bien en nombre d'échantillons qu'en qualité. Sous le leadership du Professeur Amadou Tidiane BÂ et de ses collaborateurs Dr. Bienvenu Sambou et Dr. Assane Goudiaby, le staff a réorganisé les anciennes collections, principalement les précieuses collections historiques de Bérhaut, récoltées (collectées) dans les années 1950, et a rajouté un grand nombre de nouvelles collections.

L'herbier dans son état actuel se présente comme un exemple d'herbier des pays tropicaux. Avec peu de ressources financières, il est devenu une belle collection de référence pour les travaux écologiques, ethnobotaniques et floristiques au Sénégal. L'herbier présente une excellente couverture géographique du pays et les divers familles et genres de plante du Sénégal sont bien représentés dans la collection comme le prouvent les annexes de ce manuel. Cette excellente couverture géographique et taxonomique fait de l'herbier DAKAR une importante source pour les études traitant des ressources naturelles végétales du Sénégal et par conséquent pour une utilisation prudente et une gestion de ces ressources.

J'étais heureux de voir l'herbier DAKAR s'accroître et devenir un partenaire intégré dans les activités de recherche et de formation à l'Université Cheikh Anta Diop au cours des nombreuses dernières années. C'était spécialement agréable de voir que des membres du staff de mon département, particulièrement Drs. Ivan Nielsen, Jens Elgaard Madsen, et Finn Ervik, avec le soutien financier du programme ENRECA de Danida, ont contribué avec enthousiasme à ce développement.

J'espère que ce livret sera utile pour le développement continu de l'herbier DAKAR et aide à renforcer ses liens au plans national et international. Ces liens avec les autres herbiers au Sénégal et dans le reste du monde sont essentiels pour l'enseignement et la recherche concernant l'utilistation sage de la végétation naturelle de notre monde et des espèces végétales sauvages et domestiques.

Aarhus, 21 August 1998

Henrik Balslev

INTRODUCTION

Ce manuel est un guide destiné aux étudiants, techniciens, chercheurs et autres utilisateurs qui voudraient se familiariser avec l'utilisation et les modifications opérées dans l'herbier "DAKAR" (Herbier du Département de Biologie Végétale, Faculté des Sciences et Techniques, Université Cheikh Anta Diop, Dakar, Sénégal). Il contient des informations sur les méthodes de travail spécifiques à cet herbier et les résultats d'un inventaire effectué en Mars 1996. Une liste des collections déposées par Bérhaut y est également incluse et quelques conseils ont été enfin prodigués pour la collecte des échantillons sur le terrain.

L'herbier "DAKAR" (fig. 1.) a été rénové durant les trois dernières années dans le cadre d'un projet de formation et de recherche en collaboration avec l'Université de Aarhus (Danemark). Les activités qui y sont menées ont été décrites, en détail, dans un récent article (1).

Figure. 1. Vue extérieure du bâtiment de l'herbier DAKAR.

Bref aperçu
L'herbier "DAKAR" appartient au Département de Biologie
Végétale de l'Université Cheikh Anta Diop de Dakar, Sénégal. Il a
été créé en même temps que le Département de Biologie Végétale
et le jardin botanique de ce département en 1960.

Avec une équipe d'environ vingt chercheurs, les activités du
Département de Biologie Végétale concernent la botanique
systématique, la biotechnologie, la cytophysiologie, l'écologie, la
microbiologie et la phytopathologie.

Le premier Directeur de l'herbier "DKAR" fut le Professeur
Jacques Miège qui est devenu par la suite le Directeur du Jardin
Botanique de Genève (Suisse). Le Professeur Miège est né en
Suisse et a été un membre fondateur de l'AETFAT (Association
pour l'Etude Taxonomique de la Flore d'Afrique Tropicale). Il est
mort en 1993. C'est durant l'époque du Professeur Miège que
l'herbier "DAKAR" a reçu des doubles de l'importante collection
de J. Bérhaut. La plupart de ses échantillons ont été mentionnés
dans la "Flore du Sénégal" (rédigée par Bérhaut) très utilisée et
qui constitue une référence fiable pour l'identification des espèces
du Sénégal.

Infrastructures et équipements
Le bâtiment de l'herbier se trouve dans le campus universitaire,
dans l'enceinte du Département de Biologie Végétale. La
collection est conservée dans une grande salle située entre deux
bureaux. Les échantillons sont rangés dans trente sept grandes
armoires dont vingt et une sont installées depuis la création de
l'herbier (fig. 2) et seize depuis 1997. Sept armoire plus petites
sont utilisées pour garder les doubles des échantillons.
Des tables spacieuses sont disponibles pour le traitement des
échantillons. L'herbier est en plus équipé d'un stéréo-microscope,
de loupes binoculaires, d'un ordinateur et de divers documents
sur la flore. Un registre permet de connaître le nombre, l'origine
et les préoccupations des visiteurs.

La collection sert également comme base de documentation pour
la biologie, l'écologie, et l'utilisation de diverses plantes. En plus,
l'herbier cherche à faciliter la préparation de listes de contrôle
donnant des informations sur la distribution des espèces
végétales, l'état des espèces menacées ainsi que les
comportements phénologiques des espèces.

Figure 2. Vue de la collection dans la salle principale.

OBJECTIFS DE L'HERBIER

L'herbier "DAKAR" a pour objectif principal la conservation d'une collection moderne, représentative de la flore du Sénégal, et qui respecte les normes internationales au regard des procédures et des méthodes de conservation. La collection envisage la prise en compte de tous les groupes systématiques de plantes et de toutes les variations morphologiques des différents taxa du Sénégal, en rapport avec les différentes zones géographiques et les habitats.

Des échantillons de plantes collectés en dehors du Sénégal sont également répertoriés dans l'herbier pour avoir des connaissances plus complètes sur les variations morphologiques des espèces rencontrées au Sénégal. L'herbier "DAKAR" collabore avec l'herbier régional de l'IFAN qui se trouve également à Dakar et qui compte un nombre estimé à environ 110 000 échantillons comportant plusieurs types (2).

L'une des plus importantes préoccupations de l'herbier "DAKAR" est de faciliter l'identification des espèces de différents groupes systématiques à partir de comparaisons avec des échantillons bien identifiés. Cet objectif n'est que partiellement atteint pour le moment du fait qu'à l'exception des espèces appartenant aux familles des Cyperaceae et des Poaceae, peu de spécimens ont été déterminés par des spécialistes.

COLLECTE ET TRAITEMENT DES PLANTES

La réussite de la conservation sur une longue période des échantillons végétaux séchés dépend d'un certain nombre de facteurs. Le présent fascicule s'est simplement limité à quelques aspects fondamentaux du problème. Le lecteur intéressé devra se référer à d'autres sources comme par exemple *"Manual for Tropical Herbaria"* (3) et *"The herbarium handbook"* (4).

Principes de collecte
Le conservateur du célèbre herbier universel de Kew à Londres, G. L. Lucas, déclare dans sa préface de *"Manual for Tropical Herbaria"* (3) que l'un des aspects les plus importants dans la gestion des herbiers est que: "les herbiers doivent être enrichis avec des spécimens de haute qualité et non remplis avec des échantillons mal collectés et inadéquatement annotés" (traduction de l'anglais).

En général, les échantillons stériles sont d'importance mineure pour l'utilisation taxonomique. Les exceptions à cette règle sont les plantes à feuilles caduques chez lesquelles les organes reproducteurs et les organes végétatifs sont produits à différentes périodes de l'année. Il est par exemple nécessaire (et recommandé) de collecter les feuilles de *Bombax costatum* et *Stylochiton hypogaeus* (une Araceae géophyte) durant la saison des pluies et ensuite d'attendre plus tard pour collecter les parties fertiles sur les mêmes individus.

Il faut s'assurer que les collections de graminées, de carex, de fougères et de bulbes, présentent dans la mesure du possible des racines, des rhizomes etc. Dans le cas des plantes de grande taille, il est recommandé d'ajouter quelques unes des feuilles les plus larges et plus âgées situées vers la base de la plante, en plus de feuilles juvéniles des rameaux florifères.

Dans certains cas, il est possible de faire pousser des plantes sauvages bien annotées dans le jardin botanique en vue de préparer des échantillons plus tard. Il est très pratique, par exemple, de conserver quelques feuilles d'un géophyte feuillé *in situ* et de collecter par la suite les parties fertiles à partir de matériel cultivé du même individu. De même, de beaux échantillons de fleurs fragiles ou nocturnes de plantes à bulbes peuvent être obtenus de cette manière.

Enfin, il est à noter que les spécimens ayant servi de référence pour les recherches anatomiques, cytologiques et aussi que la plupart des échantillons stériles provenant des inventaires écologiques sont conservés séparément dans la grande collection de l'herbier "DAKAR".

Confection des étiquettes

Des échantillons bien préparés avec des informations inadéquates sont d'utilité mineure. Il est important que les collections contiennent un minimum d'informations nécessaires. Les informations qui doivent être prises en compte sont résumées dans le tableau I. Il n'est pas utile, cependant, de mentionner une information qui peut être facilement observée sur l'échantillon séché!

Tableau I. Informations importantes sur les étiquettes d'herbier.

1. Nom du collecteur principal (un seul nom).
2. Nom des autres collecteurs (s'il y en a).
3. Date de collection.
4. Numéro de la collection.
5. Description géographique de la localité.
   - Nom de la région.
   - Latitude et longitude.
   - Altitude.
   - Habitat et notes écologiques.
6. Nom scientifique et famille de l'espèce.
7. Notes sur les caractères non observables par la suite sur l'échantillon collecté.
   - Taille et forme de la plante.
   - Couleur et odeur des fleurs et fruits.
   - Usages ethnobotaniques et nom local (si disponible).

En vue de réduire le travail pour la confection des étiquettes des échantillons, l'herbier "DAKAR" utilise une base de données pour la confection d'étiquettes standardisées de formats identiques (fig. 3).

FLORE DU SENEGAL

A. T. Bâ

Avec D. Dione, A. Goudiaby, J.E. Madsen, A. Sanokho, B. Sambou & A.S. Traoré

1232   Sapindaceae

Lepisanthes senegalensis (JUSS. ex POIR.) LEENH.

det J. E. Madsen (DAKAR), 1995

Région: TAMBACOUNDA
Parc National du Niokolo-Koba. Mbolor I. Au bord du lit asséché d'un ruisseau d'une galerie forestière.

(13° 10' W 13° 01' N)   Alt. 60 m.   21 Janvier 1993

Arbre de 6 m de hauteur.

Département de Biologie Végétale, Université Cheikh Anta Diop, Sénégal (DAKAR) &
Département de Botanique Systématique, Université de Aarhus, Danemark (AAU)

Figure 3. Etiquette standard de l'herbier "DAKAR".

Le collecteur avisé conserve ses notes de terrain dans un bloc note spécial. De même, une bonne stratégie consiste à préparer les étiquettes immédiatement après le retour du terrain du fait qu'il est difficile de se souvenir des observations de terrain longtemps après!

Montage des échantillons
Les échantillons de plantes sont montés sur un support en papier Canson (Feuille Canson MI-TEINTE, 470 MAIS, réf. 321-141) d'un format 27 X 43. Ce papier n'est pas suffisamment épais et les feuilles qui servent de support aux échantillons ne doivent pas être traitées comme des pages de livre, mais toujours conservées dans une position horizontale. La chemise de même qualité est de format double, c'est à dire 43 X 54.

En vue d'uniformiser le montage des échantillons, il est nécessaire de se conformer aux procédures préétablies par l'herbier "DAKAR". Il suffit de se référer aux échantillons déjà montés! Le montage des échantillons est essentiellement effectué par un personnel expérimenté (4 techniciens vacataires dont 2 femmes et 2 hommes) formé localement par les chercheurs de l'équipe (fig. 4).

Figure 4. Montage d'échantillons par le personnel de l'herbier.

Plusieurs plantes xérophytiques (plantes à organes aériens ou souterrains charnus) de l'Ouest Africain deviennent fragiles avec un séchage artificiel. Il est donc conseillé de coudre avec un fil les parties épaisses des tiges sur les supports en papier pour renforcer la colle de papier normalement utilisée. Le collage de fragments d'organes végétaux sur le papier doit être évité dans la mesure du possible. Les fragments des parties florales et des fruits doivent être placées dans de petites enveloppes collées au support. Les échantillons présentant de gros organes (grosses branches, gros fruits...) sont montés sur un support de papier de même dimensions mais plus rigide.

Chaque papier support doit porter le cachet officiel de l'herbier et la disponibilité d'autres collections (en boîte ou dans un liquide) correspondant à l'échantillon de ce support doit y être indiquée (fig. 5). Lorsqu'un échantillon ne peut pas contenir sur un même support, on peut le monter sur plusieurs supports. Au cas où l'échantillon est monté sur 3 supports par exemple, le premier support portera la mention *"sheet 1 of 3"* ("feuille 1 de 3"), le

Figure 5. Types de cachets utilisés dans l'herbier "DAKAR".

deuxième *"sheet 2 of 3"* ("feuille 2 de 3") et le troisième *"sheet 3 of 3"* ("feuille 3 de 3").

Banque de données
Des micro-ordinateurs sont utilisés à l'herbier "DAKAR" pour accélérer les procédés de travail et pour être à même de stocker beaucoup d'informations sur le matériel botanique. Deux programmes spécifiques sont utilisés.

En 1993, l'herbier "DAKAR" a créé une banque de données appelée *"Flora"* pour confectionner de nouvelles étiquettes et stocker des données de terrain. Cette banque de données mise en place à l'aide du logiciel *"4D First"* pour Macintosh, a été créée par Alf Gaba de l'Université de Aarhus et est en voie d'amélioration. Elle renferme des informations sur les nouvelles déterminations ainsi que les noms des herbiers possédant des doubles des collections de l'herbier "DAKAR". En plus, cette banque de données rend possible la confection de listes de contrôle. La plupart des échantillons collectés depuis 1990 y ont été introduits en plus des collections de Bérhaut.

Un autre programme est utilisé pour confectionner les étiquettes des chemises suivant des formats préétablis (fig. 6). Cette application basée sur le logiciel *"HyperCard"* est appelée " *Label Maker"* et a été créée par J. E. Madsen. Les étiquettes utilisées sont de marque Doret (Réf. 01514 ; 101.6 x 36 mm). La banque de données donne automatiquement (ou demande) la famille et l'auteur lorsqu'un binôme (ou un genre) est introduit.

```
                                    Poaceae
  Eriochloa fatmensis
  (Hochst. & Steud.) Clayton
```

Figure 6. Modèle d'étiquette des chemises.

ORGANISATION DE L'HERBIER

La procédure qui consiste à introduire de nouveaux échantillons dans la collection de l'herbier est connu sous le nom d'"incorporation" ou d'"intercalation". Cette procédure est très importante car un échantillon correctement placé est facile à repérer. Un échantillon doit dans la mesure du possible être:
• déterminé suivant les systèmes de classification les plus récents (voir flore et documents de base);
• organisé selon les règles de l'herbier "DAKAR" (voir introduction d'échantillons).

Documentation sur la flore
Parmi les manuels de floristique présentant un intérêt particulier pour le Sénégal, figurent la "Flore du Sénégal" (5) et la "Flore Illustrée du Sénégal" (6) de J. Bérhaut. Ces deux célèbres flores très utilisées en Afrique occidentale francophone contiennent beaucoup de fautes d'orthographe et sont aujourd'hui peu conformes à la nomenclature. Les noms doivent ainsi être vérifiés avec l'"Enumération des Plantes à Fleurs d'Afrique Tropicale" (8) de Lebrun. La suite de la "Flore Illustrée du Sénégal" rédigée par Vanden Berghen (9) constitue une excellente étude des Monocotylédones de la région (à l'exception des Poaceae), avec des clés de détermination de divers groupes systématiques. D'autre part, la *"Flora of West Tropical Africa"* (10) est encore d'actualité tandis que les fougères et plantes affines peuvent être identifiées avec *"The Ferns and Fern-Allies of West Tropical Africa"* (11). Deux dictionnaires sont particulièrement utilisés:
• *"The Plant-Book - A portable dictionary of the higher plants"* de Mabberley (12);
• *"A dictionary of the flowering plants & ferns"* de Willis (13) pour la transcription des noms de famille et de genre des espèces.
A présent, il n'existe pas encore, à notre connaissance, de document de référence pour l'identification des mousses, des lichens et des champignons de la région.

Introduction des échantillons
Les échantillons de l'herbier "DAKAR" sont classés de telle sorte que la vérification et l'introduction de nouvelles accessions soient

Figure 7. Un scientifique cherchant un specimen.

aussi simples et logiques que possible, même pour les membres du personnel sans connaissance approfondie sur la systématique des plantes (fig. 7).

Ainsi, les familles des fougères et des plantes affines (par exemple les Lycopodiaceae) sont regroupées ensemble en vue de faciliter la consultation de ce groupe de plantes. En outre, les *Liliaceae* par exemple sont traitées comme d'habitude, au sens large, bien que la plupart des nouveaux systèmes de classification les divisent en plusieurs petites familles comme les Agavaceae, les Alstroemeriaceae, les Amaryllidaceae, etc. Enfin, chez les Spermaphytes, il n'y a pas eu de séparation entre les Angiospermes et les Gymnospermes, de même qu'entre les Monocotylédones et les Dicotylédones. La répartition des différents grands groupes systématiques de plantes dans l'herbier

Tableau II. Localisation dans l'herbier "DAKAR" des échantillons des principaux Embranchements représentés.

Noms scientifiques	Noms en français	Tiroirs de rangement
Algae	Algues	11—12
Bryophytes	Bryophytes	13—14
Fungi	Champignons	16—18
Lichens	Lichens	15
Pteridophytes	Ptéridophytes	1—10
Spermatophyta	Spermaphytes	22—441
INDET	Indéterminée	19—21

"DAKAR" est résumée dans le tableau II et la liste complète des familles figure dans le tableau III.

Les familles des deux groupes de plantes considérés (fougères et plantes à fleurs) sont rangées par ordre alphabétique suivant le manuel de Mabberley, en dehors de quelques petites modifications. Cependant, à la différence du manuel de Mabberley, nous avons adopté la terminologie *"aceae"* dans la transcription des noms de famille. Par exemple, les Compositae (Composées) sont classées dans les Asteraceae, les Graminae (Graminées) dans les Poaceae, les Guttiferae (Guttifères) dans les Clusiaceae, etc. Il est possible de voir ces noms de famille "archaïques" et leurs équivalents actuels au tableau III. De même, les Légumineuses ont été divisées en Caesalpiniaceae, Fabaceae (et non Papilionaceae!) et Mimosaceae.

Il arrive souvent qu'un genre soit connu alors que le nom de la famille à laquelle appartient ce genre ne le soit pas (par exemple quand la famille n'est pas indiquée sur l'étiquette de l'échantillon). Il est alors possible à partir du nom de genre de trouver la famille correspondante dans le manuel de Mabberley (12). Parfois, comme c'est le cas pour certains genres de Cyperaceae, un nom de genre peut être considéré comme un synonyme par référence au manuel de Mabberley, bien que ce nom soit accepté dans des documents plus récents. Il n'est pas souvent facile de comprendre les désaccords sur la délimitation des genres; mais ceci ne représente pas en fait un obstacle majeur pour l'organisation de l'herbier.

Les tiroirs sont numérotés de façon consécutive et les numéros correspondants sont affichés sur un côté de certaines armoires

Tableau III. Localisation des familles et autres groupes de plantes dans l'herbier "DAKAR".

Nom de famille ou groupe (•)	N°	Nom de famille ou groupe (•)	N°
Acanthaceae	22	Compositae (voir Asteraceae)	
Adiantaceae	1	Connaraceae	153
Agavaceae	33	Convolvulaceae	154
Aizoaceae	35	Cruciferae (voir Brassicaceae)	
•Algae	12	Cucurbitaceae	162
Alismataceae	37	Cupressaceae	165
Aloeaceae	37	Cyperaceae	166
Amaranthaceae	38	Dilleniaceae	193
Anacardiaceae	47	Dioscoreaceae	194
Ancistrocladaceae	54	Droseraceae	195
Annonaceae	55	Dryopteridaceae	2
Apiaceae	60	Ebenaceae	196
Apocynaceae	61	Elatinaceae	198
Apogetonaceae	68	Eriocaulaceae	199
Araceae	69	Euphorbiaceae	200
Arecaceae	71	Fabaceae	214
Aristolochiaceae	73	•Fougères et espèces affines	1—9
Asclepiadaceae	74	Flacourtiaceae	263
Aspleniaceae	2	Frankeniaceae	264
Asteraceae	78	•Fungi	16
Azollaceae	2	Gentianaceae	265
Balanophoraceae	92	Geraniaceae	265
Balsaminacaea	92	Goodeniaceae	266
Basellacea	92	Graminea (voir Poaceae)	
Begoniacea	92	Guttiferae (voir Clusiaceae)	
Bignoniaceae	93	Haloragidaceae	266
Bixaceae	95	Hippocrateaceae	266
Bombacaceae	96	Hydrocharitaceae	266
Boraginaceae	97	Hydrophyllaceae	266
Brassicaceae	101	Hymenophyllaceae	2
•Bryophytes	13	Hypericaceae	267
Burmanniaceae	101	Hypoxidaceae	267
Burseraceae	102	Icacinaceae	267
Buxaceae	102	Illecebraceae	267
Cactaceae	102	INDET	19
Caesalpiniaceae	103	Iridaceae	267
Campanulaceae	115	Isoetaceae	2
Cannabidaceae	115	Labiatae (voir Lamiaceae)	
Capparidaceae	116	Lamiaceae	268
Caryophyllaceae	121	Lauraceae	272
Casuarinaceae	123	Lecythidaceae	272
Celastraceae	124	Leeaceae	272
Ceratophyllaceae	127	Leguminosae (voir :	
Characeae	11	(Caesalpiniaceae)	
Chenopodiaceae	127	(Fabaceae)	
Chrysobalanaceae	129	(Mimosaceae)	
Clusiaceae	131	Lemnaceae	272
Cochlospermaceae	133	Lentibulariaceae	272
Combretaceae	134	•Lichens	15
Commelinaceae	150	Liliaceae	274

15

Tableau III (suite). Localisation des familles et autres groupes de plantes dans l'herbier "DAKAR".

Nom de famille ou groupe (•)	N°	Nom de famille ou groupe (•)	N°
Limnocharitaceae	279	Polygonaceae	375
Loganiaceae	279	Polypodiaceae	7
Loranthaceae	280	Pontederiaceae	376
Lycopodiaceae	4	Portulacaceae	377
Lythraceae	283	Potamogetonaceae	377
Malpighiaceae	285	Primulaceae	377
Malvaceae	286	Proteaceae	377
Maranthaceae	291	Pteridaceae	7
Marattiaceae	4	Pteridophyta	10
Marsileaceae	5	Ranunculaceae	377
Melastomataceae	292	Rhamnaceae	378
Meliaceae	293	Rhizophoraceae	380
Menispermaceae	295	Rosaceae	380
Menyanthaceae	295	Rubiaceae	381
Mimosaceae	296	Rutaceae	400
Molluginaceae	303	Salicaceae	400
Moraceae	305	Salvadoraceae	400
Moringaceae	309	Samydaceae	400
•Fungi	16	Sapindaceae	401
Myristicaceae	309	Sapotaceae	405
Myrsinaceae	309	Saxifragaceae	407
Myrtaceae	310	Schizaeaceae	8
Najadaceae	312	Scrophulariaceae	408
Nyctaginaceae	312	Selaginellaceae	8
Nymphaeaceae	314	Simaroubaceae	411
Ochnaceae	316	Smilacaceae	411
Olacaceae	317	Solanaceae	412
Oleaceae	317	Sphenocleaceae	415
Oleandraceae	6	Sterculiaceae	416
Onagraceae	318	Taccaceae	420
Ophioglossaceae	6	Tamaricaceae	421
Opiliaceae	321	Thelypteridaceae	8
Orchidaceae	321	Thymelaeaceae	421
Orobanchaceae	322	Tiliaceae	422
Osmundaceae	6	Trapaceae	427
Oxalidaceae	323	Turneraceae	427
Palmae (voir Arecaceae)		Typhaceae	427
Pandanaceae	323	Ulmaceae	428
Papaveraceae	323	Umbelliferae (voir Apiaceae)	
Papillonaceae (voir Fabaceae)		Urticaceae	429
Parkeriaceae	6	Vahliaceae	429
Passifloraceae	323	Verbenaceae	430
Pedaliaceae	324	Violaceae	434
Periplocaceae	325	Vitaceae	435
Piperaceae	325	Woodsiaceae	10
Plumbaginaceae	325	Xyridaceae	439
Poaceae	326	Zingiberaceae	440
Polygalaceae	373	Zygophyllaceae	441

INVENTAIRE RÉALISÉ EN MARS 1996

Selon l'édition de 1990 de *"Index Herbariorum"* (2), l'herbier "DAKAR" renferme 8000 échantillons dont d'importantes collections de J. Bérhaut, O. E. Kane et J. Miège. En réalité, un inventaire complet n'avait jamais été fait. Il fut alors décidé de faire une évaluation complète du contenu actuel de l'herbier, basée sur un comptage systématique de tous les échantillons. Ce méticuleux travail fut entrepris en Septembre 1995 et a été complété avec les nouvelles accessions obtenues jusqu'en fin Mars 1996.

Classement des échantillons
Le résultat de l'inventaire des échantillons introduits dans l'herbier jusqu'en fin Mars 1996 a montré que l'herbier "DAKAR" comptait 10 331 échantillons appartenant à plus de 180 familles. L'ensemble des données de l'inventaire est présenté en Annexe I. La collection comporte essentiellement des échantillons de plantes à fleurs (10 161 échantillons); la plupart des rares échantillons de plantes non vasculaires n'ont pas encore été identifiés jusqu'à l'espèce, voire le genre (Tab. IV).

Les Poaceae constituent la famille la mieux représentée avec 1 913 collections. Elles sont suivies par les Fabaceae (1 270), les Cyperaceae (729) et les Rubiaceae (434). Le tableau V présente les

Tableau IV. Nombre approximatif des familles de plantes et des spécimens de référence des différents groupes systématiques dans l'herbier "DAKAR".

	Nombre de familles	Nombre de spécimens
PLANTES VASCULAIRES		
Ptéridophytes	21	118
Gymnospermes	1	1
Dicotylédones	129	7103
Monocotylédones	24	3058
PLANTES NON VASCULAIRES		
Algues	—	8
Bryophytes (mousses)	—	25
Lichens	—	5
Champignons	—	13
Total:		10331

Tableaux V. Vingt premières familles de l'herbier "DAKAR".

	Nom de famille	Nombre de collections	Pourcentage relative (%)
1	Poaceae	1913	18,5
2	Fabaceae	1270	12,3
3	Cyperaceae	729	7,0
4	Rubiaceae	434	4,2
5	Asteraceae	432	4,2
6	Acanthaceae	272	2,6
7	Combretaceae	271	2,6
8	Convolvulaceae	268	2,6
9	Euphorbiaceae	265	2,6
10	Caesalpiniaceae	244	2,4
11	Amaranthaceae	229	2,2
12	Malvaceae	175	1,7
13	Mimosaceae	140	1,4
14	Cucurbitaceae	116	1,1
15	Anacardiaceae	115	1,1
16	Tiliaceae	115	1,1
17	Apocynaceae	114	1,1
18	Liliaceae	109	1,1
19	Moraceae	105	1,0
20	Verbenaceae	104	1,0

20 premières familles de l'herbier "DAKAR" et donne une vue générale sur les principales familles de plantes de la flore de l'Ouest Africain.

Le présent inventaire n'a pas pris en compte le niveau de détermination des échantillons (niveau générique ou spécifique) On peut cependant noter que la plupart des échantillons ont été identifiés au moins jusqu'au niveau de la famille. Cependant, très peu d'échantillons ont été déterminés par des experts.

Espèces du Sénégal
Une liste des espèces végétales du Sénégal représentées dans l'herbier "DAKAR" et introduites dans la banque de données "Flora" figure en Annexe IV. Cette liste peut être utilisée pour chercher les genres et les espèces d'une famille ou pour vérifier la disponibilité d'échantillons pouvant faire l'objet d'un prêt.

Collections de Bérhaut
Les 2 283 échantillons déposés par Bérhaut (Annexe I) constituent la base de l'herbier "DAKAR". La plupart de ces échantillons sont cités dans la "Flore illustrée du Sénégal" (6) et d'autres sont cités dans "Flora of West Tropical Africa" (10). La collection de Bérhaut

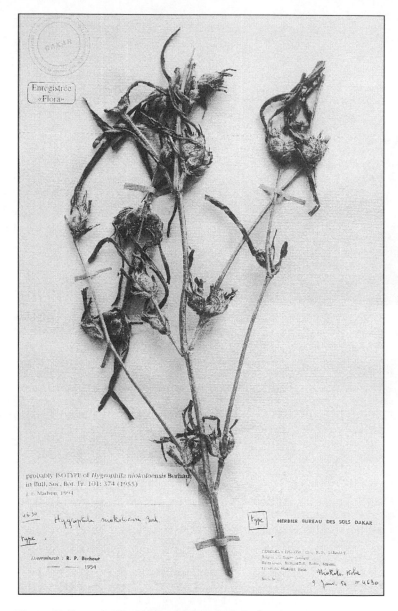

Figure 10. Type de *Hygrophila niokoloensis* de Bérhaut.

est assez représentative de la flore du Sénégal. En effet, 1 085 espèces différentes y sont représentées. Peu d'entre elles sont des plantes cultivées et quelques unes sont probablement des synonymes. Une partie de cette collection de Bérhaut a été endommagée par des attaques d'insectes, mais ce problème d'attaques est maintenant résolu. La figure 10 montre un exemple d'échantillon de Bérhaut.

La liste complète des collections de Bérhaut dans l'herbier "DAKAR" est présentée en Annexes II et III.
La liste des localités (Annexe II) montre que dans la plupart des cas, ces collections ont été récoltées durant les années 1953 - 1954.

La liste des numéros des échantillons collectés et des binômes correspondants (Annexe III) permet de vérifier si un échantillon cité dans la littérature est présent dans l'herbier "DAKAR". Il est possible d'avoir le nom de l'auteur correspondant en Annexe IV.

Principaux collecteurs
Le tableau VI présente une liste des principaux collecteurs de l'herbier "DAKAR". La collection de Bérhaut constitue 22,1 % de l'ensemble des échantillons de l'herbier. Elle occupe la deuxième place après celle de Madsen et collègues (32,9%) mise en place dans le cadre du projet ENRECA[1] en cours. En effet, ce projet a permis d'introduire dans l'herbier 5 291 spécimens, soit 51,1 % (Tab. VII).

Tableau VI. Liste des collecteurs de plus de 300 spécimens.

Nom du collecteur	Nombre de spécimens	Pourcentage relative (%)
J. E. Madsen et al.•	3400	32,9
J. Bérhaut	2283	22,1
O. Kane	812	7,9
S. Lægaard	782	7,6
A. M. Lykke	382	3,7
A. Goudiaby	367	3,5
J. E. Lawesson	334	3,2
S. Sambou	307	3,0

• Récolté avec D. Dione, A. Goudiaby, B. Sambou, I. Sonko & A.S. Traoré.

---

[1] Enhancement of Research Capacity in Developping Countries = Programme de DANIDA (Agence Danoise pour le Développement International) pour le renforcement des capacités de recherche dans les pays en développement.

Tableau VII. Activités récentes de l'herbier "DAKAR".

Activités	Nombre d'échantillons
Collections avant 1990	4452
Accessions 1990 - 1995	5891
Matériel introduit par projet ENRECA	5291
le Matériel reçu de AAU	716
Matériel reçu de MO et non encore monté	600
Matériel disponible pour échange	> 5000
Echange ou dons	
AAU	app. 4000
MO	601
ZSS	05
Burkina Faso	ca. 300

Bien qu'il soit mentionné que l'herbier "DAKAR" renferme des échantillons de Miège (2), quelques une seulement s'y retrouvent aujourd'hui. Par ailleurs, plusieurs échantillons récoltés par un étudiant de Miège du nom de Doumbia ont été retrouvés dans l'herbier lors de sa réorganisation en 1993. Cependant, du fait de la mort subite de Doumbia dans un accident de la circulation, la plupart de ce matériel n'a pu être conservé à l'herbier en raison de l'absence d'informations (notes) ou d'étiquettes. Quelques échantillons ayant servi de base à des travaux publiés sont également disponibles comme c'est le cas de ceux de Bodard (14), Doumbia (15) et Raynal (16).

A l'issu de l'inventaire, seuls deux types ont été retrouvés dans l'herbier "DAKAR": un isotype d'*Hygrophila niokoloensis* (Acanthaceae) et un autre type probable du genre *Bulbostylis* récolté par Bodard. Il est possible que d'autres types soient retrouvés par la suite.

Principales activités de l'herbier
L'herbier "DAKAR" a considérablement évolué depuis 1993. Le récent inventaire a montré qu'avant 1993, le nombre d'échantillons était approximativement de 4450 (Tab. VII). La différence avec les 8000 collections mentionnées dans la littérature (2) s'explique par le fait que plusieurs échantillons doubles ont été déclassés lors de la réorganisation de l'herbier. En effet, beaucoup d'échantillons étaient représentés par de nombreuses anciennes collections doubles.

L'herbier "DAKAR" se veut un centre régional de formation et de recherche en aménagement et gestion des herbiers et en taxonomie. Cette ambition se justifie d'autant plus que le *"Index Herbariorum"* (2) ne reconnait aucun herbier dans les pays voisins (Mauritanie, Mali, Guinée Conakry, Guinée Bissau, Gambie, Iles du Cap Vert) tout comme au Burkina Faso.

Deux cours sur l'aménagement et la gestion des herbiers, un sur les Poaceae et un autre sur les algues ont été organisés dans le cadre de ses activités. Des chercheurs et techniciens du Burkina Faso, de la Guinée Conakry et du Sénégal y ont participés. Des séminaires d'initiation à l'utilisation des herbiers y sont également organisés à l'intention des étudiants de Troisième Cycle. Par ailleurs, l'herbier "DAKAR" est entrain de développer des activités de recherche en collaboration avec deux institutions au Burkina Faso: le Département de Productions Forestières de l'Institut de l'Environnement et de la Recherche Agricole (Centre National de la Recherche Scientifique et Technologique), et le Laboratoire de Biologie et Ecologie Végétale (Université de Ouagadougou).

Des échantillons sont confiés à l'herbier "DAKAR" par des herbiers d'autres pays (Danemark, Burkina Faso) pour montage du fait de la bonne qualité des montages effectués par les techniciens de cet herbier. C'est ainsi que plus de 3500 échantillons appartenant à l'herbier de l'Université de Aarhus (Danemark) ont été montés et expédiés au Danemark en 1996.

L'herbier "DAKAR" a initié des programmes d'échange de spécimens avec un certain nombre d'institutions au plan international (AAU, BR, GENT, MO, ZSS[2]).D'autres contacts ont été pris avec d'autres herbiers (Herbier *LEGON* du Ghana, Centre National de Floristique d'Abidjan, Côte d'Ivoire).

---

[2] AAU = Herbier *AARHUS* (Jutlandicum), Institut de Botanique de l'Université de Aarhus, Danemark; GENT = Herbier *GENT*, Laboratoire de Systématique Végétale, Université d'Etat de Gand, Belgique; MO = Herbier *SAINT LOUIS*, Jardin Botanique de Missouri, U.S.A.; ZSS = Herbier ZÜRICH (Städtische Sukkulentensammlung), Suisse.

RÉFÉRENCES BIBLIOGRPHIQUES

(1) **Sambou, B., A. T. Bâ, D. Dione, A. Goudiaby, J. E. Madsen & S. A. Traoré.** 1996. Développements récents de l'Herbier de Dakar. Pp. 815—818 in L. J. G. van der Maesen, X. M. van der Burgt & J. M. van Medenbach de Rooy (eds.) The Biodiversity of African Plants (Kluwer Academic Publishers, Dordrecht)

(2) **Holmgren, K., N. H. Holmgren, & L. C. Barnett** eds. 1990. Index Herbariorum. Part I: The Herbaria of the World, 8th ed. (New York Botanical Garden, New York).

(3) **Fosberg, F. R. & M.-H. Sachet.** 1965. Manual for Tropical Herbaria. Reg. Veg. 39.

(4) **Bridson, D. & L. Forman.** 1992. The Herbarium Handbook. (Royal Botanic Gardens, Kew).

(5) **Bérhaut, J.** 1967. Flore du Sénégal. (Clairafrique, Dakar).

(6) —. (1971—1979): Flore illustrée du Sénégal I—IX. (Clairafrique, Dakar).

(7) **Lebrun, J.-P.** 1973. Enumération des plantes vasculaires du Sénégal. Etude Batanique 2. Institut d'Elevage et de Medecine Vétérinaire des Pays Tropicaux (Maison Alfort, Val de Marne).

(8) **Lebrun, J. P. & A. L. Stork.** *Bulbostylis* 1991—1995. Enumération des plantes à fleurs d'Afrique tropicale 1—3 (Conservatoire et Jardin Botaniques de Genève, Geneva).

(9) **Vanden Berghen, C.** 1988. Flore Illustrée du Sénégal IX. Monocotyledons et Ptéridophytes. (Clairafrique, Dakar).

(10) **Hutchinson, J. & J. M. Dalziel** eds. [2. ed. F. N. Hepper]. 1963—1973. Flora of West Tropical Africa I—3 (Millbank, London).

(11) **Alston, A. H. G.** 1959. The Ferns and Fern–Allies of West Tropical Africa (Millbank, London).

(12) **Mabberley, D. J.** 1990, reprint. The Plant-Book - A portable dictionary of the higher plants. (Cambridge University Press, Cambridge).

(13) **Bodard, M.** 1963. Première contribution à la Revision du genre (Cypéracées) en Afrique. Anal. Fac. Sci. Univ. Dakar ser. vég. 9(2): 51—80.

(14) **Doumbia, F.** 1966. Etude des forèts de Basse Casamance au Sud de Ziguinchor. Anal. Fac. Sci. ser. vég. 3(19): 61—100.

(15) **Raynal, A.** 1963. Flore et végétation des environs de Kayar (Sénégal): de la côte au lac Tamna. Anal Fac. Sci. ser. vég. 9(2): 121—231.

ANNEXE

Annexe I. Echantillons montés et incorporés dans l'herbier "DAKAR".

Nom de famille	BER	GOU	KAN	LAW	LYK	LAE	MAD	SAM	DIV	Σ	%
Acanthaceae	57	13	1	6	7		104	1	65	272	2,6
Adiantaceae		1	2	2			6		3	14	0,1
Agavaceae	4		1				2	2	12	21	0,2
Aizoaceae	1						16			17	0,2
Alismataceae	6		1				8		3	18	0,2
Amaranthaceae	38	3	36	1	1	2	67	3	6	229	2,2
Anacardiaceae	27	13	8	4	7	1	29	3	23	115	1,1
Ancistrocladaceae									2	2	0,0
Annonaceae	16	7		3	3		1	1	3	70	0,7
Apiaceae	5	2					1		5	13	0,1
Apocynaceae	32	5	4	5	3		21	3	41	114	1,1
Aponogetonaceae							1			1	0,0
Araceae	8	3		2	1		11		7	32	0,3
Arecaceae	2		3				2		5	12	0,1
Aristolochiaceae	2		1							3	0,0
Asclepiadaceae	29	3			3		43	2	3	83	0,8
Aspleniaceae							3		1	4	0,0
Asteraceae	109	15	44	7	8		128	6	115	432	4,2
Azollaceae						1	3		1	5	0,0
Balanophoraceae									3	3	0,0
Balsaminaceae									1	1	0,0
Basellaceae									1	1	0,0
Begoniaceae	1	1	6		2		1			11	0,1
Bignoniaceae	7	6	6	1			1	1	5	36	0,3
Bixaceae			1						1	2	0,0
Bombacaceae	3		1				5		2	11	0,1
Boraginaceae	2	1	15	2			37	4	21	100	1,0
Brassicaceae	1						1	1	5	8	0,1
Bryophyte	1	4					17		1	23	0,2
Burmanniaceae	3								1	4	0,0
Burseraceae	2				1			2	2	7	0,1
Buxaceae									1	1	0,0
Cactaceae									1	1	0,0
Caesalpiniaceae	61	11	17	5	11		85	5	49	244	2,4
Campanulaceae	5		2	1			6		5	19	0,2
Capparidaceae	18	2	9	7	2		33	4	21	96	0,9
Caryophyllaceae	15	1	3	1			23	1	15	59	0,6
Casuarinaceae			2							2	0,0
Celastraceae	5	6	4	1	2		17	1	24	60	0,6
Ceratophyllaceae	2					1	5		1	9	0,1
Characeae	5						3			8	0,1
Chenopodiaceae	5		5		1		1		7	28	0,3
Chrysobalanaceae	5	2	2		5		16	1	7	38	0,4
Clusiaceae	6	2	1				14		4	27	0,3
Cochlospermaceae	6		3				5			14	0,1
Combretaceae	57	3	12	15	26		67	5	86	271	2,6
Commelinaceae	35	3	1	1	2		32	2	25	101	1,0
Connaraceae							2		12	14	0,1
Convolvulaceae	65	1	17	7	12		115	6	45	268	2,6
Cucurbitaceae	28		6	5	7		49	8	13	116	1,1

Annexe I, suite. Echantillons montés et incorporés dans l'herbier "DAKAR".

Nom de famille	BER	GOU	KAN	LAW	LYK	LAE	MAD	SAM	DIV	∑	%
Cupressaceae									1	1	0,0
Cyperaceae	139	6	177	5	17	91	165	7	122	729	7,0
Ebenaceae	12	2		1	1		23	1	1	41	0,4
Elatinaceae	4		3				1			8	0,1
Eriocaulaceae	8						4		14	26	0,3
Euphorbiaceae	68	12	22	16	22		92	3	3	265	2,6
Fabaceae	335	37	81	2	43		571	45	138	1270	12,3
Flacourtiaceae	5			2			7			14	0,1
Frankeniaceae							3			3	0,0
Gentianaceae	7						8		2	17	0,2
Geraniaceae				1					1	2	0,0
Goodeniaceae					1		3			4	0,0
Haloragaceae	1								1	2	0,0
Hippocrateaceae	4									4	0,0
Hydrocharitaceae	2						2		1	5	0,0
Hydrophyllaceae	8						1			9	0,1
Hymenophyllaceae									1	1	0,0
Hypericaceae		1								1	0,0
Hypoxidaceae	2			1			1			4	0,0
Icacinaceae	2		1		2		2			7	0,1
Illecebraceae	1									1	0,0
Isoetaceae	2									2	0,0
Iridaceae									1	1	0,0
Lamiaceae	21	5	7	5	3		31	2	16	90	0,9
Lauraceae	1				1		2			4	0,0
Lecythidaceae									3	3	0,0
Leeaceae		3					3			6	0,1
Lemnaceae	5						2			7	0,1
Lentibulariaceae	7			1			21	1	9	39	0,4
Lichenes							1		1	2	0,0
Liliaceae	28	1	5	8	5	1	44	6	11	109	1,1
Limnochariataceae									1	1	0,0
Loganiaceae	5	1	1	3	2		5	1	3	21	0,2
Lomariopsidaceae			2	5						7	0,1
Loranthaceae	8	3	2		1		1	4	6	34	0,3
Lycopodiaceae									4	4	0,0
Lythraceae	15		5		2		19		11	52	0,5
Malpighiaceae	1	2	2		2		4		5	16	0,2
Malvaceae	32	6		4	9		93	2	29	175	1,7
Marantaceae	2						3		1	6	0,1
Marattiaceae									2	2	0,0
Marsileaceae	12			2			1		3	18	0,2
Melastomataceae	7	4	1		1		6		7	26	0,3
Meliaceae	6	7	1	1	5		11	2	5	38	0,4
Menispermaceae	1		5		2		8		1	17	0,2
Menyanthaceae			1				3		1	5	0,0
Mimosaceae	32	9	14	16	8		34	6	21	140	1,4
Molluginaceae	11	1	11				1		11	44	0,4
Moraceae	22	7		8	3		23	2	13	105	1,0
Moringaceae		1					2			3	0,0
Mushroom							1			10	0,1

Annexe I, suite. Echantillons montés et incorporés dans l'herbier "DAKAR".

Nom de famille	BER	GOU	KAN	LAW	LYK	LAE	MAD	SAM	DIV	Σ	%
Myristicaceae				1						1	0,0
Myrsinaceae		3	1	1						5	0,0
Myrtaceae	6	3	8	2	1		1	1	3	34	0,3
Najadaceae	3									3	0,0
Nyctaginaceae	19	1	1	2	1		13	1	2	49	0,5
Nymphaeaceae	9		3	1			17		1	31	0,3
Ochnaceae	3	2	2		1		1		7	16	0,2
Olacaceae	4	3	3	2	2		3		3	20	0,2
Oleaceae	1						1			2	0,0
Oleandraceae							1			1	0,0
Onagraceae	26		3	1	1		14		6	51	0,5
Ophioglossaceae	1									1	0,0
Opiliaceae	3	2	1		4					10	0,1
Orchidaceae	7	1	2				3		9	22	0,2
Orobanchaceae	1						1			2	0,0
Osmundaceae			1						3	4	0,0
Oxalidaceae	2	1					3		3	9	0,1
Pandanaceae	1									1	0,0
Papaveraceae			1							1	0,0
Parkeriaceae	2		1	1			1		1	6	0,1
Passifloraceae	2		2				1			5	0,0
Pedaliaceae	5		5	1			12		1	24	0,2
Peperomiaceae	1	1					2			4	0,0
Periplocaceae							2		2	4	0,0
Piperaceae		2	1						1	4	0,0
Plumbaginaceae	2		1		1					4	0,0
Poaceae	298	21	82	39	3	682	577	16	195	1913	18,5
Polygalaceae	16	2	8	1	1		27	8	3	66	0,6
Polygonaceae	14		4				8		8	34	0,3
Polypodiaceae									1	1	0,0
Pontederiaceae	2			1			11		1	15	0,1
Portulacaceae	2		2	1			1		1	16	0,2
Primulaceae									1	1	0,0
Proteaceae	1									1	0,0
Pteridaceae				3					3	6	0,1
Pteridophyte		3					4		3	10	0,1
Ranunculaceae	2						3		1	6	0,1
Rhamnaceae	6		3	3	1		11		1	25	0,2
Rhizophoraceae	8				1		4			13	0,1
Rosaceae									3	3	0,0
Rubiaceae	112	28	28	3	22		15	18	46	434	4,2
Rutaceae	4			1	1		3		2	11	0,1
Salicaceae	3						2			5	0,0
Salvadoraceae							2			2	0,0
Samydaceae	2									2	0,0
Sapindaceae	16	5	4	4	7		34	3	9	82	0,8
Sapotaceae	7	3	2	2			13		1	28	0,3
Saxifragaceae			3						3	6	0,1
Schizaeaceae	1									1	0,0
Scrophulariaceae	41	1	1	3	2		33	2	9	92	0,9
Selaginellaceae									2	2	0,0

Annexe I, suite. Echantillons montés et incorporés dans l'herbier "DAKAR".

Nom de famille	BER	GOU	KAN	LAW	LYK	LAE	MAD	SAM	DIV	$\sum$	%
Simarubaceae	6	1	1		1		2	1		12	0,1
Smilaceae	1		1	1						3	0,0
Solanaceae	12		9	1	2		13		6	43	0,4
Sphenocleaceae	3		2	1			6		4	16	0,2
Sterculiaceae	13	7	9	8	3		35	5	8	88	0,9
Taccaceae	1		1	1			1			4	0,0
Tamaricaceae	1		2	1	1		4			9	0,1
Thelypteridaceae	13	1	3	3			1		2	23	0,2
Thymeleaceae	3	4								7	0,1
Tiliaceae	21	1	1	13	2		35	7	26	115	1,1
Trapaceae							1			1	0,0
Turneraceae	1									1	0,0
Typhaceae							2			2	0,0
Ulmaceae	3	1	3	3	1		9		2	22	0,2
Urticaceae	4	3	1		3		12		1	24	0,2
Ustilaginales						2				2	0,0
Vahliaceae	1									1	0,0
Zingiberaceae	5	2	1	3	1		4		4	2	0,2
Zygophyllaceae	2	38		2	3	1	7	84	15	152	1,5
INDET	2	38		2	3	1	7	84	15	152	1,5
Sum (collecteur)	2283	367	812	334	382	782	3400	307	1676	10343	100
(%)	22,1	3,5	7,9	3,2	3,7	7,6	32,9	3	16,2	100	

Abréviations

BER = R. P. Bérhaut

GOU = A. Goudiaby

KAN = O. Kane

LAW = J. E. Lawesson

LYK. = A. M. Lykke

LAE = S. Laegaard

MAD = J. E. Madsen et al. (avec D. Dione, A. Goudiaby, B. Sambou, I. Sonko, S. A. Traoré)

SAM = B. Sambou

DIV = divers (moins de 300 spécimens): V. Berghen, D. Dione, J. & A Raynal, I. Sonko, S. A. Traoré, etc.

Annexe II. Provenance des échantillons de Bérhaut (d'après les spécimens de l'herbier "DAKAR").

139 (Sen): Badi. 12. Jan 54.
198 (Sen): Nianing. 16. Aug 54.
265 (Sen): Tambacounda. Dalle latéritique. 19. Sep 53.
322 (Sen): Thiès (Introduit). 8. Nov 53.
349 (Sen): Kountaour. 30. Mar 54.
371 (Sen): Tambacounda. Dalle latéritique. 19. Sep 53.
402 (Sen): Yeumbeul. 10. Dec 54.
422 (Sen): Hann. 10. Apr 54.
507 (Sen): Bargny. 2. Oct 54.
516 (Sen): Ouassadou. 1—30 Nov 54..
517 (Sen): Gouloumbou. 18. Sep 53.
535 (Sen): Tambacounda. Niaoulé. 15. Sep 53.
549 (Sen): Maka-Gouy. 30. Mar 54.
566 (Sen): Fadiout. 26. Feb 56.
661 (Sen): Niakoulrab. 12. May 54.
671 (Sen): Sangalkam. 1—30 Nov 53.
692 (Sen): Velor (marécages). 19. Oct 53.
699 (Sen): Gorom. 29. Sep 53.
791 (Sen): Niokolo-Koba. 1—31 Jan 55.
834 (Sen): Dakar. 5. Sep 53.
859 (Sen): Tambacounda. 11. Sep 53.
868 (Sen): Niokolo-Koba (Mako). 6. Jan 54.
869 (Sen): Niokolo-Koba. 1–31 Dec 51.
884—892 (Sen): Badi. Marécages. 14. Sep 53.
897 (Sen): Tambacounda. 17. Sep 53.
900—901 (Sen): S/Tambacounda (Maèl). 19. Sep 53.
902 (Sen): Badi. 14. Sep 53.
940—947 (Sen): Vélor. 19. Oct 53.
957 (Sen): Diohine. (cultivé). 26. Oct 53.
958 (Sen): Thiès. 8. Nov 53.
960 (Sen): Sangalkam. 9. Nov 53.
1006 (Sen): Fayil. 27. Oct 53.
1017 (Sen): Sangalkam. 27. Apr 54.
1024 (Sen): Dougar. 27. Sep 53.
1074 (Sen): Santhiaba (Nema). 20. Feb 54.
1081 (Sen): Tambacounda. 11. Sep 53.
1108 (Sen): Niokolo-Koba (Mako). 6. Jan 54.
1138 (Sen): Niokolo-Koba. 10. Jan 54.
1144 (Sen): Niokolo-Koba. 10. Jan 54.
1170 (Sen): Tambacounda. 1—31 Jan 55.
1197 (Sen): Sangalkam. 6. Oct 54.
1199 (Sen): Niokolo-Koba (Mako). 6. Jan 54.
1205—1209 (Sen): Niokolo-Koba. 8—13 Jan 54.
1212 (Sen): Badi. 5. Jan 54.
1213 (Sen): Simenti. 11. Jan 54.
1214 (Sen): Ouassadou. 2. Jan 54.
1216 (Sen): . 13. Jan 54.
1251—1254 (Sen): Niokolo-Koba. 8—9 Jan 54.
1311 (Sen): Bakel. 1—31 Dec 54.
1333 (Sen): Niokolo-Koba. 8. Jan 54.

Annexe II, suite. Provenance des échantillons de Bérhaut (d'après les spécimens de l'herbier "DAKAR").

1334 (Sen): Niokolo-Koba. (Dalle latéritique). 6. Jan 54.
1338 (Sen): Kountaour. 30. Mar 54.
1373 (Sen): Niokolo-Koba. 6. Jan 54.
1381 (Sen): Kayar. 6. Apr 54.
1386 (Sen): Kayar. 6. Apr 54.
1393 (Sen): Niokolo-Koba. 6. Jan 54.
1427 (Sen): Badi. 5. Jan 54.
1454 (Sen): Niokolo-Koba. 10. Jan 54.
1467 (Sen): Goudiry. 30. Dec 53.
1474 (Sen): Niokolo-Koba. 10. Jan 54.
1479—1489 (Sen): Badi. 12. Jan 54.
1497 (Sen): Niokolo-Koba. 13. Jan 54.
1526 (Sen): Niokolo-Koba. (Diénoudiala). 13. Jan 54.
1538 (Sen): Mail s/Tambacounda. 19. Sep 53.
1552 (Sen): Niokolo-Koba. 1953—1954.
1553 (Sen): Niokolo-Koba. 9. Jan 54.
1555—1589 (Sen): Niokolo-Koba. 6–10 Jan 54.
1604 (Sen): Badi. (Marigot de Sayenti). 11. Jan 54.
1609 (Sen): Niokolo-Koba. Simenti. 11. Jan 54.
1630 (Sen): Niokolo-Koba. 6. Jan 54.
1679 (Sen): Niokolo-Koba. 8. Jan 54.
1682 (Sen): Mbao. 15. Jun 54.
1685 (Sen): Nianing. 15. Aug 54.
1686 (Sen): Badi. 12. Jan 54.
1689 (Sen): Sangalkam. 1. Oct 53.
1705 (Sen): Mbao. 6. Oct 54.
1706 (Sen): Bargny. 22. Oct 54.
1715 (Sen): Mbao. 7. Jun 54.
1717 (Sen): Yeumbeul. 10. Dec 54.
1736 (Sen): Sangalkam. 4. Jun 54.
1846 (Sen): Bambey. 6. Nov 53.
1873 (Sen): Balwig s/Mbour. 16. Aug 54.
1883 (Sen): Bargny. 1—30 Nov 55.
2951—2980 (Sen): Tambacounda. 11. Sep 53.
2994 (Sen): Ouassadou. 15. Sep 53.
2995 (Sen): Tambacounda. Niaoulé. 14. Sep 53.
2996—2997 (Sen): Tambacounda. 11. Sep 53.
2999—3008 (Sen): Gouloumbou. 12. Sep 53.
3009—3013 (Sen): Tambacounda. 14. Sep 53.
3015 (Sen): Ouassadou. 14. Sep 53.
3016—3024 (Sen): Ouassadou. 14. Sep 53.
3028—3038 (Sen): Ouassadou. 14. Sep 53.
3040—3050 (Sen): Badi. 14. Sep 53.
3051—3085 (Sen): Badi. 14. Sep 53.
3087—3114 (Sen): Ouassadou. 15. Sep 53.
3115—3134 (Sen): Tambacounda. Niaoulé. 15. Sep 53.
3136 (Sen): Tambacounda. 10. Sep 53.
3140—3156 (Sen): Tambacounda. 16—17 Sep 53.
3157—35 (Sen): Tambacounda. 17—18 Sep 53.
3197 (Sen): Gouloumbou. 19. Sep 53..
3199 (Sen): Tambacounda. 18. Sep 53.

Annexe II, suite. Provenance des échantillons de Bérhaut (d'après les spécimens de l'herbier "DAKAR").

3200 (Sen): Kayar. 6. Apr 54.
3201—3212 (Sen): Tambacounda. 17. Sep 53.
3213—3219 (Sen): Gouloumbou. 18. Sep 53.
3220 (Sen): Bambilor. 1—30 Sep 53.
3221—3246 (Sen): Gouloumbou. 18. Sep 53.
3251—3262 (Sen): Maèl. S/Tambacounda. 19. Sep 53.
3263—3265 (Sen): Tambacounda. 21. Sep 53.
3266 (Sen): Maèl. S/Tambacounda. 19. Sep 53.
3267 (Sen): Tambacounda. 21. Sep 53.
3268 (Sen): Tambacounda. 20. Sep 53.
3269—3270 (Sen): Tambacounda. 20. Sep 53.
3271 (Sen): Tambacounda. 19. Sep 53.
3272 (Sen): Maèl. S/Tambacounda. Dalle latéritique. 19. Sep 53.
3273 (Sen): Tambacounda. 19. Sep 53.
3274 (Sen): Tambacounda. 21. Sep 53.
3275—3311 (Sen): Tambacounda. 15—21 Sep 53.
3313 (Sen): Badi. 14. Sep 53.
3316—3330 (Sen): Tambacounda. 17—21 Sep 53.
3332 (Sen): Gouloumbou. 18. Sep 53.
3333—3341 (Sen): Tambacounda. 17—21 Sep 53.
3344—3345 (Sen): Sangalkam. 1—30 Sep 53.
3346 (Sen): Hann (jardins) Introduit. 24. Sep 53.
3347 (Sen): Rufisque. 25. Sep 53.
3350 (Sen): Dakar. 25. Sep 53.
3351—3352 (Sen): Vélor (Kaolack). 19. Oct 53.
3354—3355 (Sen): Dakar. 26. Sep 53.
3356—3357 (Sen): Ouakam. 25. Sep 53.
3358 (Sen): Sangalkam. 25. Sep 53.
3359 (Sen): Gorom. 25. Sep 53.
3360—3361 (Sen): Sangalkam. 25. Sep 53.
3362—3363 (Sen): M'Bao. 1—30 Sep 53.
3365—3366 (Sen): Gorom. 25. Sep 53.
3367—3370 (Sen): Sangalkam. 25. Sep 53.
3372 (Sen): Gorom. 25. Sep 53.
3373 (Sen): Bargny. 28. Sep 53.
3374—3375 (Sen): Kaolack. 21. Oct 53.
3376—3377 (Sen): Bargny. 28. Sep 53.
3378 (Sen): M'Bao. 28. Sep 53.
3379—3382 (Sen): Dougar. 27. Sep 53.
3383—3392 (Sen): M'Bao. 28. Sep 53.
3393 (Sen): Sangalkam. 25. Sep 53.
3394 (Sen): Ouakam. 24. Sep 53.
3395—3397 (Sen): Dakar. 24. Sep 53.
3398—3407 (Sen): Hann. 5. Sep 53.
3408 (Sen): Dakar. 6. Sep 53.
3409—3418 (Sen): Dakar. 6. Sep 53.
3419—3450 (Sen): Ouakam. 26. Sep 53.
3451—3455 (Sen): Missira. Barkédji. 21. Oct 53.
3456—3472 (Sen): Ouakam. 26. Sep 53.
3474—3475 (Sen): Vélor. 21. Oct 53.
3476—3496 (Sen): Ouakam. 26. Sep 53.

Annexe II, suite. Provenance des échantillons de Bérhaut (d'après les spécimens de l'herbier "DAKAR").

3498 (Sen): Bambilor. 29. Sep 53.
3499—3534 (Sen): Gorom. 29. Sep 53.
3535—3540 (Sen): M'Bao. 28. Sep 53.
3541—3554 (Sen): M'Bao. 28. Sep 53.
3555—3575 (Sen): Bargny. 28. Sep 53.
3579—3591 (Sen): Bargny. 28. Sep 53.
3593 (Sen): Rufisque (jardins). 28. Sep 53.
3594 (Sen): Dougar. 27. Sep 53.
3596 (Sen): Dakar (jardins). 1—30 Nov 54.
3597—3598 (Sen): Hann. 10. Nov 53.
3599 (Sen): Hann. 1—31 Mar 54.
3600 (Sen): Ouakam. 10. Nov 53.
3602—3615 (Sen): Dougar. 27. Sep 53.
3616 (Sen): Route de MBour. 27. Sep 54.
3618 (Sen): Dougar. 27. Sep 53.
3619—3620 (Sen): Gorom. 27 Sep—1 Oct 53.
3621—3625 (Sen): Sangalkam. 1. Oct 53.
3626— (Sen): Sangalkam. 1. Oct 53.
3660—3675 (Sen): Sangalkam. 1. Oct 53.
3676—3696 (Sen): Sangalkam. 1. Oct 53.
3700—3807 (Sen): Kaolack. 18—21 Oct 53.
3808— (Sen): Vélor. 19. Oct 53.
3856—3858 (Sen): Vélor. 19. Oct 53.
3859 (Sen): Barkédji. 21. Oct 53.
3860 (Sen): Missira. 21. Oct 53.
3862—3874 (Sen): Barkédji. 21. Oct 53.
3875 (Sen): Ouakam. 1—30 Oct 53.
3877—3884 (Sen): Barkédji. 21. Oct 53.
3885 (Sen): Passy. 21. Oct 53.
3886—3889 (Sen): Missira. 21. Oct 53.
3890—3892 (Sen): Sokone. 21. Oct 53.
3893—3896 (Sen): Néma. 21. Oct 53.
3898 (Sen): Hann. 1. Mar 54.
3899 (Sen): Bargny. 1–31 mar 54.
3900 (Sen): Sangalkam. 27. Apr 54.
3901 (Sen): Néma. 21. Oct 53.
3902—3910 (Sen): Sangako. 21. Oct 53.
3916 (Sen): Kaolack. 22. Oct 53.
3917—3931 (Sen): Diourbel. 10. Oct 53.
3932—3935 (Sen): Fayil. 27. Oct 53.
3937—3948 (Sen): Diohine. 4. Nov 53.
3949—3981 (Sen): Diohine. 4. Nov 53.
3982—3983 (Sen): Tattaguine. 4. Nov 53.
3984 (Sen): Thiès. 8. Nov 53.
3985—3995 (Sen): Thiès. 8. Nov 53.
3996 (Sen): Sangalkam. 9. Nov 53.
3998 (Sen): Bambey. 6. Nov 53.
3999 (Sen): Kaolack. 21. Nov 53.
4000 (Sen): Kaolack. 13. Feb 54.
4002 (Sen): Kaolack. 21. Oct 53.
4003 (Sen): Kaolack. 18. Oct 53.

Annexe II, suite. Provenance des échantillons de Bérhaut (d'après les spécimens de l'herbier "DAKAR").

4005—4015 (Sen): Sangalkam. 9. Nov 53.
4016 (Sen): Hann. 10. Nov 53.
4017—4018 (Sen): Maka-Gouy. 30. Mar 54.
4019—4020 (Sen): Kaolack. 23. Mar 54.
4019—4020 (Sen): Kaolack. 23. Mar 54.
4022 (Sen): Santhiaba (Néma). 25. Mar 54.
4024 (Sen): Kaolack. 21. Nov 53.
4025—4058 (Sen): Vélor. 27. Nov 53.
4059—4073 (Sen): Tambacounda. 20. Dec 53.
4074—4139 (Sen): Gouloumbou. 22—23 Dec 53.
4140 (Sen): Tambacounda. 25. Dec 53.
4141—4153 (Guin): Sambaïlo. 26. Dec 53.
4154 (Sen): Niokolo-Koba. Diénoudiala. 27. Dec 53.
4155—4159 (Guin): Koundara. 26. Dec 53.
4161 (Guin): Sambaïlo. 26. Dec 53
4162—4181 (Guin): Koundara. 26. Dec 53.
4182—4194 (Sen): Kotiari. 28. Dec 53.
45—4206 (Sen): Goudiry. 28. Dec 53.
4207—4208 (Sen): Route de Bakel. 29. Dec 53.
4209 (Sen): Sinthiou - Laprisou. 29. Dec 53.
4210 (Sen): Goudiry. 28. Dec 53.
4211—4219 (Sen): Sinthiou - Laprisou. 29. Dec 53.
4221 (Sen): Bakel. 29. Dec 53.
4222—4270 (Sen): Bakel. 29. Dec 53.
4271—4283 (Sen): Goudiry. 30. Dec 53.
4284—4285 (Sen): Bala. 30. Dec 53.
4286—4324 (Sen): Ouassadou. 1. Jan 54.
4325—4372 (Sen): Ouassadou. 2. Jan 54.
4373 (Sen): Ouassadou. 3. Jan 54.
4374 (Sen): Tambacounda. 4. Jan 54.
4376—4384 (Sen): Ouassadou. 4. Jan 54.
4386—4443 (Sen): Badi. 5. Jan 54.
4444—4508 (Sen): Niokolo-Koba. 6. Jan 54.
4509—4551 (Sen): Niokolo-Koba. 7. Jan 54.
4552—4619 (Sen): Niokolo-Koba. 8. Jan 54.
4620—4634 (Sen): Niokolo-Koba. 9. Jan 54.
4638—4684 (Sen): Niokolo-Koba. 10. Jan 54.
4685 (Sen): Niokolo-Koba. 13. Jan 54.
4687 (Sen): Simenti. 12. Jan 54.
4688 (Sen): Niokolo-Koba. 10. Jan 54.
4689—4691 (Sen): Niokolo-Koba. 9—13 Jan 54.
4692—4698 (Sen): Simenti. 12. Jan 54.
4700 (Sen): Badi. Sayenti. 11. Jan 54.
4701—4703 (Sen): Simenti. 12. Jan 54.
4704 (Sen): Badi. 12. Jan 54.
4705—4711 (Sen): Simenti.. 12. Jan 54.
4712—4716 (Sen): Sayenti. 12. Jan 54.
4718—4720 (Sen): Badi. 13. Jan 5
4722 (Sen): Badi. 12. Jan 54.
4723 (Sen): Sayenti. 12. Jan 54.
4724 (Sen): Simenti. 12. Jan 54.

Annexe II, suite. Provenance des échantillons de Bérhaut (d'après les spécimens de l'herbier "DAKAR").

4725—4727 (Sen): Badi. 12. Jan 54.
4728 (Sen): Sayenti. 12. Jan 54.
4729—4740 (Sen): Badi. 12. Jan 54.
4742—4743 (Sen): Tambacounda. 16. Jan 54.
4744 (Sen): Niokolo-Koba. 13. Jan 54.
4745 (Sen): Niokolo-Koba. 8. Jan 54.
4746 (Sen): Tambacounda. 16. Jan 54.
4749 (Sen): Kountaour. 30. Mar 54.
4751 (Sen): Badi. 13. Jan 54.
4752 (Sen): Kayar. 6. Apr 54.
4753—4754 (Sen): Sangalkam. 27. Apr 54.
4755—4756 (Sen): Niakoulrab. 12. May 54.
4757 (Sen): Hann. 13. May 54.
4758—4759 (Sen): Badi. 13. Jan 54.
4761 (Sen): Badi. 13. Jan 54.
4762 (Sen): Sangalkam. 8. Jun 54.
4764—4765 (Sen): Dougar. 6. Aug 54.
4767 (Sen): Thiés. 30. Jul 54.
4769 (Sen): Route de Mbour. 26. May 54.
4770 (Sen): Sangalkam. 28. Jun 54.
4771 (Sen): Bargny. 6. Sep 54.
4772 (Sen): Rufisque. 25. Sep 54.
4774—4775 (Sen): Badi. 13. Jan 54.
4776 (Sen): Nianing. 16. Aug 54.
4778 (Sen): Bargny. 20. Oct 54.
4780 (Sen): Sangalkam. 6. Oct 54.
4781—4782 (Sen): Dougar. 15. Oct 54.
4783—4792 (Sen): Badi. 13. Jan 54.
4795 (Sen): Diénoudiala. 13. Jan 54.
4796—4797 (Sen): Tambacounda. 21. Dec 53.
4799 (Sen): Gouloumbou. 23. Dec 53.
4801—4814 (Sen): Gouloumbou. 23. Dec 53.
4816—4817 (Sen): Goudiry. 28. Dec 53.
4819 (Sen): Kotiari. 31. Dec 53.
4821 (Guin): Sambaïlo. 27. Dec 53.
4823—4832 (Sen): Ouassadou. 2. Jan 54.
4833 (Sen): Tambacounda. 15. Jan 54.
4834 (Sen): Ouassadou. 2. Jan 54.
4835—4836 (Sen): Badi. 12. Jan 54.
4837 (Sen): Kaolack. 21. Nov 53.
4838—4855 (Sen): Bambey. 6. Nov 53.
4856—4859 (Sen): Thiès. 8. Nov 53.
4863—4868 (Sen): Sangalkam. 9. Nov 53.
4870—4875 (Sen): Hann. 9—10 Nov 53.
4876 (Sen): Bambey. 12. Nov 53.
4877—4897 (Sen): Kaolack. 21. Nov 53.
4899—4904 (Sen): Kaolack. 15. Dec 53.
4906 (Sen): Kaolack. 13. Feb 54.
4908—4912 (Sen): Kaolack. 21. Nov 53.
4913 (Sen): Kaolack. 25. Jan 54.
4914 (Sen): Koussanar. 6. Feb 54.

Annexe II, suite. Provenance des échantillons de Bérhaut (d'après les spécimens de l'herbier "DAKAR").

4917 (Sen): Kaolack. 13. Feb 54.
4919 (Sen): Kaolack. 22. Mar 54.
4921—4925 (Sen): Kaolack. 21. Nov 53.
4926—4956 (Sen): Kaolack. 23. Mar 54.
4957—4960 (Sen): Kaolack. Passy. 25. Mar 54.
4962—4966 (Sen): Toubacouta. 25. Mar 54.
4968—4985 (Sen): Sokone. 25. Mar 54.
4986—4997 (Sen): Santhiaba (Néma). 25. Mar 54.
5001—5002 (Sen): Mbao. 15. Dec 54.
5005 (Sen): Santhiaba (Néma). 25. Mar 54.
5006—5013 (Sen): Santhiaba (Néma). 25. Mar 54.
5014—5029 (Sen): Sangako. 25. Mar 54.
5030 (Sen): Kountaour. 30. Mar 54.
5031 (Sen): Maka-Gouy. 30. Mar 54.
5032—5034 (Sen): Maka.-Gouy. 30. Mar 54.
5035—5057 (Sen): Kayar. 6. Apr 54.
5060—5062 (Sen): Kayar. 6. Apr 54.
5064—5068 (Sen): Sangalkam. 6. Apr 54.
5070—5071 (Sen): Hann. 15. Apr 54.
5073—5099 (Sen): Sangalkam. 27. Apr 54.
5100—5110 (Sen): Sangalkam. 27. Apr 53.
5112—5135 (Sen): M'Bao. 3. May 54.
5136—5139 (Sen): Sangalkam. 10. May 54.
5140—5149 (Sen): Sangalkam. 10. May 54.
5150 (Sen): Niokolo-Koba. 28. Jan 55.
5151—5164 (Sen): Sangalkam. 10. May 54.
5165—5180 (Sen): Sangalkam. 14. May 54.
5181—5188 (Sen): Niakoulrab. 12. May 54.
5190—5221 (Sen): Sangalkam. 17. May 54.
5223 (Sen): Rufisque. 25. May 54.
5224 (Sen): Kountaour. 28. Mar 54.
5229—5233 (Sen): Sangalkam. 17. May 54.
5234—5239 (Sen): Bargny. 19. May 54.
5240—5241 (Sen): Dougar. 21. May 54.
5243—5257 (Sen): Sangalkam. 6. May 54.
5258 (Sen): Mbao. 7. Jun 54.
5260—5265 (Sen): Mbao. 26. Jun 54.
5267—5282 (Sen): Sangalkam. 28. Jun 54.
5283—5291 (Sen): Bandia. 30. Jun 54.
5292 (Sen): Dougar. 28. Jul 54.
5293—5303 (Sen): Bandia. 30. Jun 54.
5304 (Sen): Dougar. 30. Jun 54.
5305—5310 (Sen): Diourbel. 3. Jul 54.
5311 (Sen): Fatik. 4. Jul 54.
5312—5317 (Sen): Sangalkam. 10. Jul 54.
5319—5325 (Sen): Dougar. 15. Jul 54.
5328 (Sen): Bargny. 17. Jul 54.
5329—5332 (Sen): Sébikotane. 18. Jul 54.
5333—5334 (Sen): Thiès. 30. Jul 54.
5336—5343 (Sen): Dougar. 31. Jul 54.
5344—5346 (Sen): Rufisque. 5. Aug 54.

Annexe II, suite. Provenance des échantillons de Bérhaut (d'après les spécimens de l'herbier "DAKAR").

5347 (Sen): Dougar. 6. Aug 54.
5348—5349 (Sen): Bandia. 17. Feb 56.
5350 (Sen): Nianing. 18. Feb 56.
5351—5359 (Sen): Dougar. 6. Aug 54.
5361 (Sen): Mbour. 16. Aug 54.
5362—5370 (Sen): Nianing. 16. Aug 54.
5371—5375 (Sen): Gandigal. s/Mbour. 17. Aug 54.
5377—5378 (Sen): Nianing. 16. Aug 54.
5379—5381 (Sen): Gandigal. s/Mbour. 17. Aug 54.
5382—5383 (Sen): Cambérene. 3. Aug 54.
5384—5387 (Sen): Bargny. 6. Sep 54.
5389—5407 (Sen): Sangalkam. 12. Sep 54.
5408 (Sen): Fasna. (Cultivé a Hann). 13. Sep 54.
5409—5412 (Sen): Bargny. 14—15 Sep 54.
5415—5438 (Sen): Dougar. 20. Sep 54.
5439—5449 (Sen): Bargny. 2. Oct 54.
5450—5463 (Sen): Sangalkam. 6. Oct 54.
5464—5467 (Sen): Bargny. 9. Oct 54.
5468—5475 (Sen): Sangalkam. 9. Oct 54.
5476 (Sen): Rufisque. 10. Oct 54.
5477 (Sen): Diohine (cultivé à Rufisque). 10. Oct 54.
5483—5486 (Sen): Mbao. 11. Oct 54.
5487—5510 (Sen): Dougar. 15. Oct 54.
5513—5531 (Sen): Bargny. 22. Oct 54.
5532—5539 (Sen): Thiès. 31. Oct 54.
5540 (Sen): Bargny. 6. Nov 54.
5541—5562 (Sen): Sangalkam. 9. Nov 54.
5563—5567 (Sen): Rufisque. 12—13 Nov 54.
5568—5573 (Sen): Mbao. 13. Nov 54.
5574—5575 (Sen): Thiaroye. 13. Nov 54.
5576—5578 (Sen): Hann. 13. Nov 54.
5579 (Sen): Néma. 25. Mar 54.
5580—5583 (Sen): Sangalkam. 10—14 May 54.
5584 (Sen): Thiaroye. 13. Nov 54.
5585—5587 (Sen): Hann. 13—15 Nov 54.
5589—5600 (Sen): Sangalkam. 16. Nov 54.
5601—5603 (Sen): Gorom. 8. Dec 54.
5604—5611 (Sen): Kayar. 8. Dec 54.
5612—5622 (Sen): Goumel. 10. Dec 54.
5623—5624 (Sen): Bargny. 1—30 Apr 54.
5626—5641 (Sen): Niokolo-Koba. 1—31 Jan 55.
5642 (Sen): Hann. 10. Jul 55.
5643 (Sen): Nianing. 20. Jul 55.
5646—5647 (Sen): Hann. 1 Aug 55—30 Sep 55.
5648—5649 (Sen): Darou. Bassin de la Gambie. 1—31 Oct 55.
5654—5655 (Sen): Dougar. 24. Jan 56.
5656 (Sen): Fadiout. 26. Feb 56.
5657 (Sen): Baling s/Mbour. 3. Mar 56.
5659 (Sen): Kayar. 8. Mar 56.
5660 (Sen): Gorom. 8. Mar 56.
5661 (Sen): Kayar. 8. Mar 56.
5662—5663 (Sen): Bandia. 10. Mar 56.
5664 (Sen): Sangalkam. 9. Nov 54.

ABRÉVIATIONS: Sen. = Sénégal; Gui = Guinée.

Annexe III. Numéros et noms des échantillons de Bérhaut.

139	*Laurembergia tetandra*	1254	*Bryaspis lupulina*
198	*Gloriosa superba*	1311	*Cymbopogon*
265	*Schizachyrium scintillans*	1333	*Pseudarthria fagifolia*
322	*Melicocca bijuga*	1334	*Cyathula pobeguinii*
349	*Drepanocarpus lunatus*	1338	*Hygrophila odora*
371	*Schizachyrium nodulosum*	1373	*Nemum spadiceum*
402	*Diodia serrulata*	1381	*Pluchea perrottetiana*
422	*Chara aspera*	1386	*Gomphocarpus fruticosum*
507	*Crotalaria spinosa*	1393	*Euphorbia polycnemoides*
516	*Sesbania sesban*	1427	*Neophytis paniculata*
517	*Tephrosia platycarpa*	1454	*Ziziphus abyssinica*
535	*Stylosanthes fructicosa*	1467	*Sporobolus pyramidalis*
549	*Saba senegalensis*	1474	*Murdania simplex*
566	*Rhizophora mangle*	1479	*Rhynchospora candida*
661	*Pycreus testui*	1489	*Gardenia imperialis*
671	*Wolffia arrhiza*	1497	*Olyra latifolia*
692	*Borreria compressa*	1526	*Ipomoea velutipes*
699	*Wolffiopsis welwitschii*	1538	*Eleocharis setifolia*
791	*Cochlospermum planchonii*	1553	*Vernonia poskeana*
834	*Ipomoea triloba*	1555	*Pachycarpus lineolatus*
859	*Ceropegia rhynchantha*	1565	*Utricularia rigida*
868	*Eristicha trifaria*	1571	*Tephrosia mossiensis*
869	*Hygrophila niokoloensis*	1581	*Ficus acutifolia*
884	*Virectaria multiflora*	1589	*Elephantopus senegalensis*
889	*Habenaria schimperiana*	1604	*Aedesia glabra*
892	*Habenaria angustissima*	1609	*Alectra sessiliflora*
897	*Commelina*	1630	*Striga bilabiata*
900	*Sacciolepis ciliocincta*	1679	*Monechma depauperatum*
901	*Marsilea berhautii*	1682	*Urginea*
902	*Gladiolus*	1685	*Eragrostis*
940	*Vigna vexillata*	1686	*Eriocaulon bongense*
947	*Aneilema paludosum*	1689	*Ceratophyllum demersum*
957	*Mucuna pruriens*	1705	*Ormocarpum verrucosum*
958	*Lablab purpurea*	1706	*Bothriochloa bladhii*
960	*Indigofera heudelotii*	1715	*Cyphostemma vogelii*
1006	*Echinochloa colona*	1717	*Ammannia auriculata*
1017	*Polygonum pulchum*	1736	*Scleria achtenii*
1024	*Achyranthes argentea*	1846	*Vigna unguiculata*
1074	*Combretum mucronatum*	1873	*Rhizophora harrisonii*
1081	*Hyparrhenia*	1883	*Heteropogon contortus*
1108	*Chloris robusta*	2951	*Aristolochia albida*
1138	*Rhytachne gracilis*	2952	*Nervilia kotschyi*
1144	*Hydrolea macrosepala*	2953	*Lantana viburnoides*
1170	*Raphionacme brownii*	2954	*Euphorbia macrophylla*
1197	*Flacourtia flavescens*	2956	*Dyschoriste heudelotiana*
1199	*Englerastrum nigericum*	2957	*Bacopa hamiltoniana*
1205	*Indigofera*	2958	*Aeschynomene tambacoundensis*
1209	*Begonia rostrata*	2960	*Monochoria brevipetiolata*
1212	*Cyclosorus goggilodus*	2961	*Cochlospermum tinctorium*
1213	*Utricularia foliosa*	2962	*Cyphostemma waterlotii*
1214	*Teramnus uncinatus*	2963	*Borreria compressa*
1216	*Nymphaea lotus*	2964	*Trochomeria macrocarpa*
1251	*Ziziphus spina-christi*	2965	*Lippia chevalieri*

Annexe III, suite. Numéros et noms des échantillons de Bérhaut.

2966	Combretum velutinum	3051	Anadelphia afzeliana
2967	Quassia undulata	3052	Eleusine indica
2968	Hyparrhenia	3053	Sorghum trichopus
2969	Leersia drepanothrix	3054	Pycreus lanceolatus
2970	Commelina livingstonii	3055	Panicum parvifolium
2971	Lannea velutina	3057	Lipocarpha chinensis
2972	Terminalia avicennioides	3058	Acroceras amplectens
2974	Ormocarpum pubescens	3061	Eragrostis turgida
2980	Bacopa hamiltoniana	3062	Acroceras zizanoides
2994	Commelina aspera	3063	Hyptis lanceolata
2995	Eriosema psoraleoides	3064	Oldenlandia goreensis
2996	Amorphophallus aphyllus	3065	Oldenlandia lancifolia
2997	Parahyparrhenia annua	3066	Lipocarpha sphacelata
2999	Borreria scabra	3067	Panicum fluviicola
3001	Commelina livingstonii	3068	Craterostigma schweinfurthii
3002	Boerhavia erecta	3069	Sacciolepis cymbriandra
3003	Borreria scabra	3070	Ascolepis protea
3005	Sporobolus stolzii	3071	Burmannia latialata
3006	Bulbostylis coleotricha	3074	Kyllinga pumila
3007	Cyanotis lanata	3083	Elionurus elegans
3008	Croton scarciesii	3085	Waltheria indica
3009	Oxytenanthera abyssinica	3087	Clerodendrum sinuatum
3010	Eragrostis pilosa	3088	Clerodendrum sinuatum
3012	Cyperus pustulatus	3089	Clerodendrum sinuatum
3013	Panicum subalbidum	3090	Ampelocissus leonensis
3015	Hyparrhenia archaelymandra	3092	Indigofera stenophylla
3016	Commelina livingstonii	3093	Entada africana
3018	Canavalia virosa	3096	Chlorophytum senegalense
3019	Borreria scabra	3097	Brachiaria lata
3020	Platostoma africanum	3098	Acroceras amplectens
3021	Tephrosia deflexa	3099	Echinochloa pyramidalis
3022	Striga asiatica	3100	Setaria barbata
3023	Chrysanthellum americanum	3101	Leptochloa caerulescens
3024	Indigofera macrocalyx	3102	Digitaria horizontalis
3028	Pycreus macrostachyos	3103	Hymenocardia acida
3030	Striga asiatica	3104	Desmodium velutinum
3032	Digitaria gayana	3105	Sporobolus pectinellus
3033	Eragrostis lingulata	3106	Panicum praealtum
3034	Pennisetum atrichum	3107	Digitaria lecardii
3035	Pennisetum subangustum	3108	Sporobolus festivus
3036	Cyperus submicrolepis	3109	Eragrostis turgida
3037	Sorghum trichopus	3111	Indigofera geminata
3038	Cyperus podocarpus	3112	Melliniella micrantha
3040	Parahyparrhenia annua	3114	Ipomoea sepiaria
3041	Eriosema afzelii	3115	Eriosema psoraleoides
3042	Dolichos schweinfurthii	3116	Borreria ocymoides
3043	Indigofera paniculata	3116	Schizachyrium platyphylium
3044	Digitaria longiflora	3117	Uraria picta
3045	Mitragyna stipulosa	3118	Combretum micranthum
3046	Voacanga thouarsii	3119	Cyanotis longifolia
3047	Hydrolea glabra	3120	Sporobolus microproctus
3048	Hydrolea glabra	3122	Digitaria horizontalis
3049	Sauvagesia erecta	3126	Commelina diffusa

Annexe III, suite. Numéros et noms des échantillons de Bérhaut.

3128	*Cyphostemma adenocaule*	3194	*Scleria interrupta*
3129	*Vernonia purpurea*	3195	*Panicum afzelii*
3131	*Alysicarpus rugosus*	3197	*Dolichos stenophyllus*
3132	*Platostoma africanum*	3199	*Hyparrhenia*
3134	*Aspilia helianthoides*	3200	*Vernonia bambilorensis*
3136	*Monochoria brevipetiolata*	3201	*Microchloa indica*
3140	*Oropetium aristatum*	3201	*Diheteropogon hagerupii*
3141	*Tacca leontopetaloides*	3202	*Tripogon minimus*
3144	*Cyphostemma adenocaule*	3204	*Detarium microcarpum*
3145	*Ampelocissus africana*	3205	*Solanum incanum*
3146	*Euphorbia convolvuloides*	3206	*Entada africana*
3147	*Pterocarpus lucens*	3208	*Pennisetum subangustum*
3148	*Pavetta cinereifolia*	3209	*Mukia maderaspatana*
3150	*Costus spectabilis*	3210	*Ipomoea barteri*
3151	*Rhynchosia sublobata*	3212	*Combretum nigricans*
3151	*Rhynchosia sublobata*	3213	*Tephrosia gracilipes*
3152	*Ampelocissus africana*	3215	*Hyparrhenia sulcata*
3153	*Desmodium gangeticum*	3216	*Sorghum trichopus*
3154	*Ectadiopsis oblongifolia*	3217	*Anadelphia afzeliana*
3155	*Cassia jaegeri*	3218	*Borreria scabra*
3156	*Melanthera gambica*	3219	*Erythrophleum africanum*
3157	*Clerodendrum capitatum*	3220	*Vernonia bambilorensis*
3158	*Striga passargei*	3221	*Canthium cornelia*
3159	*Detarium microcarpum*	3222	*Erythrophleum africanum*
3160	*Tephrosia gracilipes*	3223	*Eragrostis lingulata*
3162	*Pavetta cinereifolia*	3224	*Cynometra vogelii*
3163	*Chlorophytum laxum*	3225	*Grewia lasiodiscus*
3164	*Dorstenia walleri*	3226	*Cassipourea congoensis*
3166	*Indigofera trichopoda*	3229	*Vetiveria nigritana*
3167	*Indigofera stenophylla*	3230	*Digitaria lecardii*
3168	*Indigofera leptoclada*	3231	*Digitaria exilis*
3169	*Tephrosia platycarpa*	3232	*Panicum anababtistum*
3170	*Jatropha kamerunica*	3234	*Cola laurifolia*
3171	*Polygala multiflora*	3235	*Berhautia senegalensis*
3172	*Striga aspera*	3236	*Christiana africana*
3173	*Justicia kotschyi*	3237	*Sesamum indicum*
3174	*Trochomeria macrocarpa*	3238	*Ipomoea mauritiana*
3176	*Oryza barthii*	3239	*Englerina lecardii*
3177	*Echinochloa callopus*	3240	*Ipomoea sepiaria*
3178	*Bulbostylis pusilla*	3242	*Indigofera stenophylla*
3179	*Echinochloa colona*	3243	*Mitragyna inermis*
3180	*Schoenoplectus senegalensis*	3244	*Rytigynia senegalensis*
3181	*Kyllinga debilis*	3246	*Diospyros elliotii*
3182	*Cyperus pulchellus*	3251	*Parahyparrhenia annua*
3183	*Cyperus podocarpus*	3252	*Echinochloa callopus*
3184	*Bulbostylis abortiva*	3253	*Oryza brachyantha*
3186	*Bulbostylis coleotricha*	3254	*Loudetia togoensis*
3188	*Ctenium villosum*	3255	*Panicum walense*
3189	*Hyparrhenia archaelymandra*	3256	*Blyxa senegalensis*
3190	*Sporobolus pectinellus*	3257	*Weisneria schweinfurthii*
3191	*Brachiaria stigmatisata*	3258	*Sagittaria guayanensis*
3192	*Elionurus elegans*	3259	*Desmodium hirtum*
3193	*Borreria filifolia*	3260	*Rhamphicarpa fistulosa*

Annexe III, suite. Numéros et noms des échantillons de Bérhaut.

3261	Maerua oblongifolia	3330	Coreopsis borianiana
3262	Sphenoclea dalzielii	3332	Polycarpaea corymbosa
3263	Aspilia helianthoides	3333	Pandiaka angustifolia
3265	Jatropha kamerunica	3335	Hygrophila senegalensis
3266	Eriocaulon plumale	3338	Amorphophallus aphyllus
3267	Euphorbia macrophylla	3340	Vigna radiata
3268	Ascolepis protea	3341	Tephrosia elegans
3269	Scleria tessellata	3344	Cryptolepis sanguinolenta
3270	Cyperus pulchellus	3345	Psophocarpus palustris
3271	Rhytachne triaristata	3346	Ochroma lagopus
3272	Eragrostis cambessediana	3347	Pancratium trianthum
3273	Bergia capensis	3350	Portulaca meridiana
3274	Aspilia paludosa	3351	Vigna filicaulis
3275	Cyperus pustulatus	3352	Isoetes melanotheca
3276	Vigna ambacensis	3354	Bougainvillea spectabilis
3277	Utricularia inflexa	3355	Quisqualis indica
3278	Habenaria laurentii	3356	Ceropegia aristolochioides
3279	Vigna racemosa	3357	Talinum portulacifolium
3280	Indigofera terminalis	3358	Oncinotis nitida
3281	Najas graminea	3359	Crotalaria lathyroides
3282	Rhamphicarpa fistulosa	3360	Lobelia senegalensis
3283	Indigofera leptoclada	3361	Psychotria psychotrioides
3284	Dopatrium senegalense	3362	Indigofera parviflora
3285	Bulbostylis pusilla	3363	Pouzolzia guineensis
3286	Cyperus submicrolepis	3365	Vernonia cinerea
3288	Cochlospermum tinctorium	3366	Vernonia pauciflora
3289	Lantana viburnoides	3367	Reissantea indica
3290	Scleria interrupta	3368	Grangea maderaspatana
3292	Kyllinga tenuifolia	3369	Desmodium velutinum
3293	Panicum afzelii	3370	Holarrhena floribunda
3294	Sporobolus microproctus	3372	Syzygium guineense
3296	Hackelochloa granularis	3373	Boerhavia repens
3298	Elymandra archaelymandra	3374	Porphyrostemma chevalieri
3301	Panicum subalbidum	3375	Sesbania pachycarpa
3302	Loudetia togoensis	3376	Cyperus bulbosus
3303	Schizachyrium nodulosum	3377	Celosia argentea
3304	Diheteropogon hagerupii	3378	Lepisanthes senegalensis
3305	Oropetium aristatum	3379	Blepharis maderaspatensis
3306	Bulbostylis coleotricha	3380	Coccinea grandis
3309	Cyperus difformis	3381	Ipomoea nil
3310	Mariscus squarrosus	3382	Najas graminea
3311	Kyllinga squamulata	3383	Aeschynomene indica
3313	Pycreus lanceolatus	3385	Phyla nodiflora
3316	Cassia jaegeri	3388	Sesbania sericea
3317	Aspilia helianthoides	3389	Melochia corchorifolia
3318	Borreria compressa	3392	Laportea aestuans
3319	Borreria compressa	3393	Pistia stratiotes
3324	Eragrostis lingulata	3394	Tephrosia lathyroides
3325	Biophytum petersianum	3395	Indigofera subulata
3326	Cyanotis lanata	3396	Dalechampia scandens
3327	Cassia mimosoides	3397	Tephrosia uniflora
3328	Indigofera dendroides	3398	Achyranthes aspera
3329	Crotalaria lathyroides	3401	Digitaria longiflora

Annexe III, suite. Numéros et noms des échantillons de Bérhaut.

3402	Coix lacryma-jobi	3461	Cymbopogon giganteus
3403	Chara aspera	3462	Aristida hordeacea
3404	Limeum diffusum	3464	Hackelochloa granularis
3405	Capparis tomentosa	3465	Eragrostis pilosa
3406	Heliotropium bacciferum	3466	Bothriochloa glabra
3407	Mollugo cerviana	3467	Schoenefeldia gracilis
3408	Peperomia pellucida	3468	Panicum laetum
3409	Tridax procumbens	3469	Albuca nigritana
3410	Euphorbia glomifera	3470	Cassia bicapsularis
3411	Citharexylum spinosum	3471	Jacquemontia tamnifolia
3412	Loeseneriella africana	3472	Securinega virosa
3414	Phyllanthus maderaspatensis	3474	Ipomoea coscinosperma
3415	Sclerocarpus africanus	3475	Ipomoea pileata
3417	Gymnema sylvestre	3476	Crotalaria podocarpa
3418	Pentatropis spiralis	3477	Zornia glochidiata
3419	Tephrosia lathyroides	3481	Cerathotheca sesamoides
3421	Tephrosia uniflora	3482	Euphorbia hirta
3422	Cassia occidentalis	3485	Micrococca mercurialis
3424	Datura fastuosa	3486	Commelina livingstonii
3425	Acacia ataxacantha	3488	Hybanthus theriifolius
3426	Euphorbia forskalii	3489	Sida alba
3427	Grewia villosa	3494	Leptadenia hastata
3428	Evolvulus alsinoides	3495	Borreria chaetocephala
3429	Ziziphus mucronata	3496	Polygala erioptera
3430	Amaranthus spinosus	3498	Pennisetum polystachion
3431	Jatropha chevalieri	3499	Pentodon pentandrus
3432	Linaria sagittata	3500	Aristida sieberana
3433	Malacantha alnifolia	3501	Crotalaria atrorubens
3434	Acalypha segetalis	3502	Sesbania sericea
3436	Corchorus trilocularis	3503	Utricularia inflexa
3437	Securinega virosa	3505	Acalypha ciliata
3438	Borreria chaetocephala	3506	Vernonia pauciflora
3439	Indigofera trita	3507	Tephrosia obcordata
3440	Phyllanthus maderaspatensis	3508	Indigofera senegalensis
3441	Cassia nigricans	3510	Commelina forskalaei
3442	Commelina livingstonii	3511	Parinari excelsa
3443	Polygala erioptera	3512	Cassia podocarpa
3444	Panicum laetum	3513	Tephrosia linearis
3445	Ruspolia hypocrateriformis	3514	Polycarpaea linearifolia
3447	Crotalaria barkae	3515	Striga gesnerioides
3448	Pentatropis spiralis	3516	Vernonia perrottetii
3449	Commiphora africana	3518	Vernonia bambilorensis
3450	Lactuca intybacea	3519	Panicum repens
3451	Vigna venulosa	3520	Cyperus amabilis
3452	Ipomoea argentaurata	3521	Echinochloa pyramidalis
3453	Sida acuta	3522	Diheteropogon hagerupii
3454	Pennisetum atrichum	3523	Eragrostis tremula
3455	Diheteropogon amplectens	3524	Aeschynomene afraspera
3456	Grewia tenax	3525	Aeschynomene uniflora
3457	Piliostigma reticulatum	3526	Sesbania pachycarpa
3458	Combretum micranthum	3527	Crotalaria retusa
3459	Alysicarpus ovalifolius	3528	Pavonia senegalensis
3460	Chloris pilosa	3529	Indigofera berhautiana

Annexe III, suite. Numéros et noms des échantillons de Bérhaut.

3531	Commelina livingstonii	3596	Bougainvillea spectabilis
3532	Tephrosia platycarpa	3597	Bougainvillea
3534	Oldenlandia herbacea	3598	Bougainvillea glabra
3535	Corchorus aestuans	3599	Bougainvillea pomacea
3536	Borreria verticillata	3600	Linaria sagittata
3538	Pupalia lappacea	3602	Borreria verticillata
3539	Eragrostis cilianensis	3603	Cyperus digitatus
3540	Cynodon dactylon	3604	Lactuca taraxacifolia
3541	Pycreus polystachyos	3606	Dyschoriste perrottetii
3542	Pycreus intactus	3607	Sesbania leptocarpa
3543	Indigofera parviflora	3608	Commelina livingstonii
3544	Cyperus articulatus	3609	Commelina livingstonii
3545	Paspalum vaginatum	3610	Dichantium papillosum
3546	Digitaria horizontalis	3611	Cyperus distans
3547	Mariscus ligularis	3612	Physalis micrantha
3548	Achyranthes argentea	3614	Acalypha segetalis
3549	Chloris prieurii	3615	Ipomoea dichroa
3550	Chloris pilosa	3616	Solanum aculeatisimum
3551	Brachiaria deflexa	3618	Achyranthes aspera
3554	Pycreus macrostachyos	3619	Sesbania pachycarpa
3555	Acacia polyacantha	3620	Sesbania pachycarpa
3557	Indigofera oblongifolia	3621	Perotis indica
3558	Arthrocneum indicum	3622	Phragmites vulgaris
3559	Ipomoea aquatica	3623	Digitaria perrotteti
3561	Aspilia helianthoides	3624	Bothriochloa glabra
3562	Borreria compressa	3625	Sporobolus stolzii
3564	Ipomoea eriocarpa	3627	Bulbostylis barbata
3565	Ipomoea coscinosperma	3629	Eragrostis tenella
3566	Panicum pansum	3630	Oplismenus burmanii
3567	Aristida hordeacea	3631	Mariscus cylindristachyus
3568	Bothriochloa bladhii	3632	Reissantea indica
3569	Aristida funiculata	3633	Crotalaria ochroleuca
3570	Sporobolus pyramidalis	3635	Borreria radiata
3571	Rhynchosia sublobata	3636	Jacquemontia tamnifolia
3572	Lannea humilis	3637	Commicarpus africanus
3573	Hibiscus panduriformis	3638	Secamone afzelii
3574	Aspilia kotschyi	3639	Ekebergia senegalensis
3575	Heliotropium strigosum	3641	Stylosanthes erecta
3579	Caperonia serrata	3642	Schwenckia americana
3580	Indigofera parviflora	3643	Chrozophora senegalense
3581	Ipomoea stolonifera	3644	Centaurea perrottetii
3582	Rhynchosia minima	3645	Crotalaria podocarpa
3583	Vernonia kotschyana	3646	Tephrosia purpurea
3584	Amorphophallus flavovirens	3648	Sida cordifolia
3585	Suaeda vermiculata	3649	Tephrosia lupinifolia
3586	Achyranthes argentea	3650	Passiflora foetida
3587	Clitoria ternatea	3651	Commelina aspera
3588	Clitoria ternatea	3652	Uvaria chamae
3589	Tephrosia pedicellata	3654	Strophanthus sarmentosus
3590	Lactuca intybacea	3655	Strophanthus sarmentosus
3591	Convolvulus prostatus	3656	Ipomoea kotschyana
3593	Furcraea selloa	3657	Phyllanthus discoideus
3594	Plumbago zeylanica	3658	Maytenus senegalensis

Annexe III, suite. Numéros et noms des échantillons de Bérhaut.

3660	*Lobelia senegalensis*	3723	*Ctenolepis cerasiformis*
3661	*Oldenlandia goreensis*	3724	*Securidaca longipedunculata*
3662	*Paullinia pinnata*	3725	*Sesbania sericea*
3664	*Neptunia oleracea*	3726	*Pandiaka angustifolia*
3665	*Aniseia martinicensis*	3727	*Coreopsis borianiana*
3666	*Centella asiatica*	3728	*Kaempferia aethiopica*
3668	*Crotalaria perrottetii*	3729	*Zornia glochidiata*
3669	*Striga gesnerioides*	3730	*Combretum micranthum*
3670	*Polycarpaea linearifolia*	3731	*Blepharis linariifolia*
3671	*Aspilia kotschyi*	3732	*Merremia pinnata*
3672	*Trema orientalis*	3733	*Setaria pumila*
3675	*Indigofera macrophylla*	3734	*Blepharis linariifolia*
3676	*Aeschynomene uniflora*	3735	*Vigna ambacensis*
3677	*Paullinia pinnata*	3737	*Indigofera dendroides*
3678	*Allophylus cobbe*	3738	*Indigofera stenophylla*
3679	*Ceratopteris cornuta*	3740	*Cassia mimosoides*
3680	*Zanthoxylum zanthoxyloides*	3741	*Striga aspera*
3681	*Antiaris africana*	3742	*Kohautia senegalensis*
3683	*Indigofera aspera*	3743	*Porphyrostemma chevalieri*
3684	*Tetracera alnifolia*	3744	*Sesbania pachycarpa*
3685	*Achyranthes argentea*	3745	*Corchorus aestuans*
3686	*Indigofera heudelotii*	3746	*Indigofera pilosa*
3687	*Polygala arenaria*	3747	*Corchorus tridens*
3688	*Crotalaria atrorubens*	3749	*Ludwigia octovalvis*
3690	*Indigofera diphylla*	3750	*Desmodium hirtum*
3691	*Andropogon pinguipes*	3751	*Borreria filifolia*
3692	*Hyparrhenia dissoluta*	3753	*Commelina subulata*
3693	*Schizachyrium exile*	3754	*Stylochiton lancifolius*
3694	*Cryptolepis sanguinolenta*	3755	*Commelina nigritana*
3695	*Cyrtosperma senegalense*	3756	*Rothia hirsuta*
3696	*Holarrhena floribunda*	3757	*Neurotheca loeselioides*
3700	*Elionurus elegans*	3758	*Vernonia perrottetii*
3701	*Sporobolus festivus*	3759	*Indigofera macrocalyx*
3702	*Lepidagathis anobrya*	3760	*Tephrosia pedicellata*
3703	*Indigofera stenophylla*	3761	*Sesbania pachycarpa*
3704	*Ozoroa insignis*	3762	*Pandiaka angustifolia*
3705	*Crotalaria glaucoides*	3763	*Rothia hirsuta*
3706	*Polygala multiflora*	3764	*Tephrosia linearis*
3707	*Cassia absus*	3765	*Sphenoclea zeylanica*
3708	*Tephrosia bracteolata*	3766	*Aeschynomene indica*
3709	*Triumfetta pentandra*	3767	*Ipomoea vagans*
3710	*Tephrosia linearis*	3768	*Indigofera aspera*
3711	*Indigofera astragalina*	3769	*Oldenlandia grandiflora*
3712	*Tephrosia purpurea*	3770	*Eleocharis geniculata*
3713	*Synedrella nodiflora*	3771	*Pycreus pumilis*
3714	*Stylosanthes erecta*	3772	*Cyperus tenuispica*
3715	*Crotalaria perrottetii*	3773	*Aristida kerstingii*
3716	*Ipomoea pes-trigridis*	3774	*Schizachyrium exile*
3717	*Asparagus flagellaris*	3775	*Schoenefeldia gracilis*
3718	*Schizachyrium exile*	3776	*Indigofera hirsuta*
3720	*Crotalaria lathyroides*	3778	*Eragrostis squamata*
3721	*Loudetia hordeiformis*	3779	*Panicum fluviicola*
3722	*Erythrina senegalensis*	3780	*Aristida kerstingii*

Annexe III, suite. Numéros et noms des échantillons de Bérhaut.

3781	*Schizachyrium rupestre*	3844	*Sida rhombifolia*
3782	*Schizachyrium brevifolium*	3845	*Arachis hypogaea*
3783	*Eleusine caracana*	3846	*Tephrosia deflexa*
3784	*Diplachne fusca*	3847	*Borreria stachydea*
3785	*Rhytachne triaristata*	3848	*Mariscus squarrosus*
3786	*Scleria tessellata*	3849	*Tephrosia bracteolata*
3787	*Eragrostis tremula*	3850	*Borreria filifolia*
3788	*Eragrostis squamata*	3851	*Alysicarpus ovalifolius*
3789	*Loudetia togoensis*	3852	*Crotalaria ochroleuca*
3790	*Aristida stipoides*	3853	*Ipomoea dichroa*
3791	*Andropogon pseudapricus*	3854	*Vigna racemosa*
3792	*Fuirena ciliaris*	3855	*Vigna unguiculata*
3794	*Eleocharis mutata*	3856	*Vigna ambacensis*
3795	*Eragrostis squamata*	3858	*Cissus populnea*
3796	*Cyperus amabilis*	3859	*Vigna gracilis*
3797	*Sporobolus robustus*	3860	*Nesphostylis holosericea*
3798	*Sporobolus stolzii*	3862	*Lannea afzelii*
3799	*Diheteropogon hagerupii*	3863	*Pericopsis laxiflora*
3800	*Eragrostis cambessediana*	3865	*Chasmopodium caudatum*
3801	*Paspalum orbiculare*	3866	*Rottboellia cochinchinensis*
3805	*Lipocarpha prieuriana*	3867	*Panicum gracilicaule*
3807	*Indigofera secundiflora*	3868	*Panicum fluviicola*
3808	*Ipomoea coscinosperma*	3869	*Cymbopogon giganteus*
3809	*Ipomoea eriocarpa*	3870	*Cyperus tenuispica*
3810	*Indigofera dendroides*	3872	*Eriosema glomeratum*
3811	*Aspilia helianthoides*	3873	*Eriosema glomeratum*
3812	*Aeschynomene afraspera*	3874	*Afzelia africana*
3813	*Borreria radiata*	3875	*Acalypha segetalis*
3814	*Desmodium tortuosum*	3877	*Entada africana*
3815	*Sesbania pachycarpa*	3878	*Dialium guineense*
3816	*Aspilia paludosa*	3880	*Crotalaria lathyroides*
3817	*Pandiaka angustifolia*	3882	*Parinari excelsa*
3818	*Indigofera hirsuta*	3883	*Trichilia emetica*
3819	*Crotalaria glaucoides*	3884	*Albizia zygia*
3820	*Ipomoea pileata*	3885	*Lippia chevalieri*
3821	*Najas graminea*	3886	*Neurotheca loeselioides*
3823	*Lipocarpha prieuriana*	3887	*Indigofera dendroides*
3825	*Euclasta condylotricha*	3888	*Crotalaria comosa*
3826	*Pennisetum subangustum*	3889	*Tephrosia platycarpa*
3827	*Panicum fluviicola*	3890	*Lonchocarpus laxiflorus*
3828	*Borreria verticillata*	3891	*Cordia myxa*
3829	*Physalis micrantha*	3892	*Laguncularia racemosa*
3830	*Cyphostemma adenocaule*	3893	*Malacantha alnifolia*
3832	*Ipomoea heterotricha*	3894	*Crotalaria goreensis*
3834	*Nymphaea micrantha*	3895	*Newbouldia laevis*
3835	*Ipomoea coptica*	3896	*Ipomoea nil*
3837	*Crinum zeylanicum*	3898	*Gnaphalium indicum*
3838	*Urginea altissima*	3899	*Suaeda vermiculata*
3839	*Cassia nigricans*	3900	*Holarrhena floribunda*
3840	*Tephrosia deflexa*	3901	*Crotalaria atrorubens*
3841	*Cassia absus*	3902	*Beckeropsis uniseta*
3842	*Indigofera lepricurii*	3903	*Kyllinga squamulata*
3843	*Alysicarpus ovalifolius*	3904	*Vernonia cinerea*

Annexe III, suite. Numéros et noms des échantillons de Bérhaut.

3905	*Lophira lanceolata*	3970	*Crotalaria senegalensis*
3906	*Caperonia serrata*	3971	*Indigofera astragalina*
3907	*Albizia zygia*	3972	*Cenchrus biflorus*
3908	*Aniseia martinicensis*	3974	*Hyptis suaveolens*
3909	*Ludwigia octovalvis*	3975	*Sphenoclea zeylanica*
3910	*Tectona grandis*	3977	*Monechma ciliatum*
3916	*Spondias purpurea*	3978	*Eleocharis mutata*
3917	*Cassia occidentalis*	3979	*Eleocharis acutangula*
3919	*Acacia tortilis*	3981	*Mitragyna inermis*
3920	*Boerhavia erecta*	3982	*Ficus thonningii*
3921	*Boerhavia diffusa*	3983	*Ximenia americana*
3922	*Tecoma stans*	3984	*Setaria barbata*
3923	*Bougainvillea glabra*	3985	*Ficus polita*
3924	*Caesalpinia pulcherrima*	3986	*Sida rhombifolia*
3926	*Striga hermonthica*	3987	*Achyranthes aspera*
3928	*Sansevieria liberica*	3988	*Eleusine indica*
3930	*Achyranthes argentea*	3989	*Cyperus distans*
3931	*Pennisetum violaceum*	3990	*Ctenolepis cerasiformis*
3932	*Cyperus incompressus*	3991	*Spondias mombin*
3933	*Bacopa floribunda*	3992	*Corchorus tridens*
3934	*Echinochloa callopus*	3993	*Sida acuta*
3935	*Echinochloa colona*	3994	*Ageratum conyzoides*
3937	*Limnophytum obtusifolium*	3995	*Telosma africanum*
3938	*Sesbania pachycarpa*	3996	*Triumfetta pentandra*
3939	*Bauhinia rufescens*	3998	*Celosia trigyna*
3940	*Tamarix senegalensis*	3999	*Curculigo pilosa*
3942	*Ludwigia octovalvis*	4000	*Neocarya macrophylla*
3943	*Vigna ambacensis*	4002	*Isoetes melanotheca*
3944	*Vigna unguiculata*	4003	*Panicum pansum*
3945	*Diospyros mespiliformis*	4005	*Ipomoea involucrata*
3946	*Triumfetta pentandra*	4006	*Sida linifolia*
3947	*Wissadula periplocifolia*	4007	*Ctenium elegans*
3948	*Zehneria thwaitesii*	4008	*Momordica balsamina*
3949	*Limnophytum obtusifolium*	4009	*Centaurea perrottetii*
3950	*Hibiscus sabdariffa*	4011	*Crotalaria atrorubens*
3951	*Ludwigia octovalvis*	4012	*Cerathotheca sesamoides*
3952	*Indigofera costata*	4013	*Waltheria indica*
3953	*Indigofera tinctoria*	4014	*Eriosema glomeratum*
3954	*Sclerocarpus africanus*	4015	*Lannea afzelii*
3955	*Eragrostis ciliaris*	4016	*Sesbania sericea*
3956	*Eragrostis tremula*	4017	*Lannea microcarpa*
3958	*Aristida adscensionis*	4018	*Lannea microcarpa*
3959	*Crotalaria senegalensis*	4019	*Combretum glutinosum*
3960	*Indigofera secundiflora*	4020	*Sclerocarya birrea*
3961	*Phyllanthus niruri*	4022	*Combretum mucronatum*
3962	*Leucas martinicensis*	4024	*Eragrostis squamata*
3963	*Peristrophe bicalyculata*	4025	*Conocarpus erectus*
3964	*Striga hermonthica*	4027	*Ipomoea muricata*
3965	*Rhynchosia minima*	4028	*Polygonum salicifolium*
3966	*Alternanthera sessilis*	4029	*Achyranthes aspera*
3967	*Guiera senegalensis*	4030	*Oldenlandia corymbosa*
3968	*Eragrostis tenella*	4031	*Borreria compressa*
3969	*Tamarindus indica*	4033	*Borreria stachydea*

Annexe III, suite. Numéros et noms des échantillons de Bérhaut.

4034	*Hibiscus asper*	4092	*Mimosa asperata*
4035	*Merremia kentrocaulos*	4093	*Polycarpon depressum*
4036	*Cymbopogon giganteus*	4094	*Clerodendrum acerbianum*
4038	*Alysicarpus ovalifolius*	4095	*Crossopteryx febrifuga*
4039	*Commelina forskalaei*	4096	*Sesbania sesban*
4039	*Melochia corchorifolia*	4097	*Cassia sieberiana*
4040	*Hibiscus asper*	4099	*Coldenia procumbens*
4042	*Ludwigia hyssopifolia*	4100	*Lotus arabicus*
4043	*Borreria chaetocephala*	4101	*Sida urens*
4044	*Urena lobata*	4102	*Merremia hederacea*
4045	*Corchorus olitorius*	4103	*Hypoestes verticillaris*
4047	*Aspilia paludosa*	4104	*Cynometra vogelii*
4048	*Zehneria thwaitesii*	4105	*Croton scarciesii*
4049	*Hyptis spicigera*	4106	*Cassia nigricans*
4050	*Hygrophila auriculata*	4107	*Rotula aquatica*
4051	*Bulbostylis barbata*	4108	*Oxystelma bournouense*
4052	*Nelsonia canescens*	4109	*Gnidia foliosa*
4053	*Ludwigia senegalensis*	4110	*Heliotropium indicum*
4054	*Oplismenus burmanii*	4111	*Ceruana pratensis*
4056	*Crotalaria ochroleuca*	4113	*Salix coluteoides*
4057	*Borreria compressa*	4114	*Salix coluteoides*
4058	*Borreria filifolia*	4116	*Phyllanthus reticulatus*
4059	*Lannea microcarpa*	4118	*Flemingia faginea*
4060	*Baissea multiflora*	4119	*Christiana africana*
4061	*Hyptis spicigera*	4120	*Symmeria paniculata*
4062	*Quassia undulata*	4121	*Hunteria elliotii*
4064	*Sphaeranthus senegalensis*	4122	*Diospyros elliotii*
4065	*Evolvulus alsinoides*	4123	*Hexalobus monopetalus*
4066	*Baissea multiflora*	4124	*Hunteria elliotii*
4068	*Neorosea chevalieri*	4125	*Cynometra vogelii*
4069	*Vitex madiensis*	4126	*Erythrophleum africanum*
4070	*Hexalobus monopetalus*	4128	*Dialium guineense*
4071	*Nervilia kotschyi*	4129	*Canthium cornelia*
4072	*Englerastrum gracillimum*	4130	*Strychnos spinosa*
4073	*Anogeissus leiocarpus*	4132	*Strychnos spinosa*
4074	*Berhautia senegalensis*	4133	*Hymenocardia acida*
4075	*Cynometra vogelii*	4135	*Lepidagathis anobrya*
4076	*Lepidagathis heudelotiana*	4136	*Sphaeranthus senegalensis*
4077	*Striga macrantha*	4137	*Guiera senegalensis*
4078	*Burkea africana*	4138	*Mallotus oppositifolius*
4079	*Hunteria elliotii*	4139	*Ctenium elegans*
4080	*Clerodendrum acerbianum*	4140	*Quassia undulata*
4081	*Cyathula prostrata*	4141	*Hyptis lanceolata*
4082	*Symmeria paniculata*	4142	*Lippia chevalieri*
4083	*Cynometra vogelii*	4143	*Ludwigia leptocarpa*
4084	*Heliotropium baclei*	4144	*Lipocarpha chinensis*
4085	*Alternanthera sessilis*	4146	*Ipomoea setifera*
4086	*Stachytarpheta angustifolia*	4147	*Desmodium salicifolium*
4087	*Polygonum setosulum*	4148	*Luffa cylindrica*
4088	*Rotula aquatica*	4150	*Raphia vinifera*
4089	*Gnidia foliosa*	4151	*Cyclosorus goggilodus*
4090	*Salix coluteoides*	4152	*Ludwigia stenoraphe*
4091	*Lotus arabicus*	4153	*Ipomoea setifera*

Annexe III, suite. Numéros et noms des échantillons de Bérhaut.

4154	*Berhautia senegalensis*	4224	*Alternanthera nodiflora*
4155	*Erythrophleum africanum*	4225	*Corrigiola russelliana*
4157	*Satanocrater berhautii*	4226	*Eragrostis namaquensis*
4158	*Satanocrater berhautii*	4227	*Vigna unguiculata*
4159	*Loudetia annua*	4228	*Chrozophora senegalense*
4161	*Aframomum stipulatus*	4229	*Achyranthes argentea*
4162	*Icacina senegalensis*	4230	*Eragrostis namaquensis*
4163	*Vernonia perrottetii*	4231	*Solanum nigrum*
4164	*Polycarpaea eriantha*	4232	*Indigofera secundiflora*
4165	*Indigofera dendroides*	4233	*Polygonum limbatum*
4167	*Vitellaria paradoxa*	4234	*Stachytarpheta angustifolia*
4169	*Achyranthes argentea*	4235	*Crotalaria cylindrocarpa*
4171	*Borreria octodon*	4236	*Crotalaria cylindrocarpa*
4172	*Biophytum petersianum*	4237	*Celosia trigyna*
4173	*Satanocrater berhautii*	4238	*Euphorbia hirta*
4174	*Dissotis phaeotricha*	4239	*Lotus arabicus*
4175	*Hibiscus asper*	4240	*Polygonum plebeium*
4176	*Satanocrater berhautii*	4241	*Bistella dichota*
4177	*Aspilia paludosa*	4243	*Oldenlandia capensis*
4178	*Bridelia micrantha*	4244	*Ceruana pratensis*
4179	*Ludwigia hyssopifolia*	4245	*Ipomoea eriocarpa*
4180	*Rhynchospora eximia*	4246	*Eclipta prostrata*
4181	*Hibiscus squamosus*	4247	*Ludwigia erecta*
4182	*Pterocarpus erinaceus*	4251	*Chrozophora plicata*
4184	*Xeroderris stuhlmannii*	4252	*Physalis micrantha*
4185	*Combretum velutinum*	4253	*Ambrosia maritima*
4186	*Cochlospermum tinctorium*	4254	*Chrozophora brocchiana*
4187	*Combretum nigricans*	4255	*Ammannia senegalensis*
4188	*Pericopsis laxiflora*	4256	*Euphorbia forskalii*
4190	*Swartzia madagascariensis*	4257	*Bergia suffruticosa*
4191	*Pterocarpus erinaceus*	4258	*Bergia suffruticosa*
4194	*Hymenocardia acida*	4259	*Ethulia conyzoides*
4195	*Ximenia americana*	4260	*Polygonum limbatum*
4197	*Ozoroa insignis*	4261	*Rotula aquatica*
4198	*Combretum micranthum*	4262	*Cynometra vogelii*
4199	*Boscia senegalensis*	4263	*Polygonum plebeium*
4206	*Boscia angustifolia*	4264	*Bergia suffruticosa*
4207	*Cordia myxa*	4265	*Leucas martinicensis*
4208	*Boscia senegalensis*	4266	*Dalbergia melanoxylon*
4209	*Dichrostachys cinerea*	4267	*Ziziphus mauritiana*
4210	*Pterocarpus lucens*	4269	*Eragrostis namaquensis*
4211	*Hygrophila laevis*	4270	*Euphorbia sudanica*
4212	*Merremia hederacea*	4271	*Annona senegalensis*
4213	*Hygrophila laevis*	4272	*Gardenia triacantha*
4214	*Decliptera verticillata*	4274	*Gardenia ternifolia*
4215	*Acacia nilotica*	4276	*Gardenia triacantha*
4216	*Mitragyna inermis*	4278	*Piliostigma thonningii*
4217	*Hygrophila laevis*	4279	*Combretum collinum*
4218	*Hibiscus asper*	4280	*Combretum lecardii*
4219	*Atylosia scarabaeoides*	4281	*Anogeissus leiocarpus*
4221	*Adenium obesum*	4282	*Gardenia ternifolia*
4222	*Vernonia pauciflora*	4283	*Piliostigma reticulatum*
4223	*Crotalaria cylindrocarpa*	4284	*Datura fastuos*

Annexe III, suite. Numéros et noms des échantillons de Bérhaut.

4285	Dombeya quinqueseta	4345	Crotalaria calycina
4286	Crotalaria glauca	4346	Indigofera macrocalyx
4287	Ceiba pentandra	4347	Eragrostis lingulata
4288	Hybanthus theriifolius	4348	Evolvulus alsinoides
4289	Vernonia perrottetii	4349	Crotalaria goreensis
4292	Hunteria elliotii	4351	Flemingia faginea
4294	Morelia senegalensis	4352	Entada mannii
4295	Xylopia parvifolia	4353	Mitracarpus scaber
4296	Cassipourea congoensis	4354	Melochia melissifolia
4297	Garcinia livingstonii	4355	Sesamum indicum
4298	Croton scarciesii	4356	Cyperus haspan
4299	Guiera senegalensis	4358	Fuirena umbellata
4300	Flemingia faginea	4359	Entada sudanica
4302	Garcinia livingstonii	4360	Kohautia senegalensis
4303	Cola laurifolia	4364	Borreria radiata
4304	Xylopia parvifolia	4365	Polycarpaea tenuifolia
4305	Canavalia virosa	4366	Aniseia martinicensis
4306	Flemingia faginea	4367	Ludwigia erecta
4307	Amaranthus viridis	4368	Herderia truncata
4308	Ficus capreifolia	4369	Heliotropium baclei
4309	Glinus lotoides	4370	Securidaca longipedunculata
4310	Diospyros elliotii	4372	Crotalaria macrocalyx
4311	Ficus capreifolia	4373	Indigofera leptoclada
4312	Syzygium guineense	4374	Berhautia senegalensis
4314	Sesbania sesban	4376	Rhynchosia pycnostachya
4315	Polycarpon depressum	4377	Combretum tomentosum
4316	Stachytarpheta angustifolia	4378	Neorosea chevalieri
4317	Byrsanthus brownii	4379	Guiera senegalensis
4318	Diospyros elliotii	4380	Polycarpaea tenuifolia
4319	Ficus capreifolia	4381	Polycarpaea eriantha
4320	Diospyros elliotii	4382	Indigofera leptoclada
4321	Indigofera macrocalyx	4384	Acridocarpus spectabilis
4322	Crotalaria hyssopifolia	4386	Aeschynomene pulchella
4324	Sesbania sesban	4387	Schizachyrium platyphylium
4325	Entada mannii	4388	Fuirena stricta
4326	Apodostigma pallens	4389	Eriocaulon afzelianum
4327	Crotalaria calycina	4390	Mitragyna stipulosa
4328	Indigofera simplicifolia	4391	Cyclosorus goggilodus
4329	Polygonum salicifolium	4392	Limnophila barteri
4330	Glinus radiatus	4393	Hydrolea floribunda
4331	Corchorus fascicularis	4394	Vigna venulosa
4332	Ludwigia erecta	4395	Merremia pterygocaulos
4333	Diospyros elliotii	4396	Dissotis phaeotricha
4334	Tacazzea apiculata	4397	Hibiscus furcatus
4335	Cola laurifolia	4398	Striga hermonthica
4336	Luffa cylindrica	4399	Sacciolepis cymbriandra
4337	Mallotus oppositifolius	4400	Sacciolepis cymbriandra
4338	Cissampelos mucronata	4401	Eriocaulon buchamani
4339	Mimosa pigra	4402	Cyperus difformis
4341	Cyathula prostrata	4403	Burmannia bicolor
4342	Allophylus cobbe	4404	Lipocarpha chinensis
4343	Dyschoriste perrottetii	4405	Drosera indica
4344	Indigofera simplicifolia	4406	Ludwigia leptocarpa

Annexe III, suite. Numéros et noms des échantillons de Bérhaut.

4407	*Fuirena umbellata*		4478	*Boerhavia repens*
4408	*Melastomastrum capitatum*		4479	*Combretum etessei*
4409	*Craterostigma schweinfurthii*		4480	*Ficus glumosa*
4410	*Hibiscus squamosus*		4482	*Lepidagathis anobrya*
4411	*Neurotheca loeselioides*		4483	*Oncoba spinosa*
4412	*Xyris barteri*		4484	*Terminalia laxiflora*
4413	*Haumaniastrum caeruleum*		4485	*Sesbania sesban*
4415	*Phaseolus adenanthus*		4487	*Olyra latifolia*
4416	*Sacciolepis africana*		4488	*Vetiveria nigritana*
4417	*Crotalaria hyssopifolia*		4491	*Englerastrum nigericum*
4418	*Vernonia ambigua*		4493	*Rotula aquatica*
4419	*Justicia tenella*		4494	*Combretum velutinum*
4420	*Dissotis senegambiensis*		4495	*Rorippa humifusa*
4421	*Panicum fluviicola*		4496	*Oldenlandia capensis*
4422	*Hyptis lanceolata*		4498	*Polygonum salicifolium*
4424	*Lobelia broulensis*		4499	*Saba senegalensis*
4426	*Ludwigia octovalvis*		4500	*Morelia senegalensis*
4427	*Sacciolepis micrococca*		4501	*Tacazzea apiculata*
4428	*Eriocaulon fulvum*		4502	*Hymenocardia heudelotii*
4429	*Oldenlandia herbacea*		4503	*Garcinia livingstonii*
4430	*Bacopa floribunda*		4504	*Pterocarpus santaloïdes*
4431	*Bacopa hamiltoniana*		4505	*Diospyros elliotii*
4434	*Cyperus reduncus*		4506	*Desmodium salicifolium*
4437	*Commelina nigritana*		4507	*Oxystelma bornouense*
4438	*Eragrostis namaquensis*		4508	*Lepidagathis sericea*
4439	*Buchnera leptostachya*		4509	*Indigofera terminalis*
4441	*Sida linifolia*		4511	*Allophylus cobbe*
4442	*Indigofera paniculata*		4512	*Croton scarciesii*
4443	*Pennisetum atrichum*		4516	*Zanha golungensis*
4444	*Cassia jaegeri*		4517	*Ipomoea eriocarpa*
4445	*Desmodium laxiflorum*		4518	*Flemingia faginea*
4446	*Bulbostylis coleotricha*		4520	*Synedrella nodiflora*
4448	*Detarium senegalense*		4521	*Hyparrhenia rufa*
4449	*Tephrosia gracilipes*		4522	*Striga hermonthica*
4451	*Boscia salicifolia*		4523	*Indigofera nigritana*
4452	*Bridelia micrantha*		4526	*Marsilea diffusa*
4454	*Vernonia nigritiana*		4527	*Lippia chevalieri*
4455	*Lepidagathis capituliformis*		4529	*Acalypha senensis*
4456	*Lepidagathis collina*		4531	*Olyra latifolia*
4458	*Pavetta oblongifolia*		4532	*Zanha golungensis*
4459	*Phaulopsis imbricata*		4534	*Albizia malacophylla*
4460	*INDET*		4536	*Allophylus cobbe*
4462	*Teramnus uncinatus*		4537	*Justicia tenella*
4463	*Englerastrum nigericum*		4538	*Cyperus haspan*
4464	*Lecaniodiscus cupanioides*		4539	*Floscopa glomerata*
4465	*Neorosea chevalieri*		4540	*Dicoma sesseliflora*
4466	*Boscia angustifolia*		4541	*Lepidagathis capituliformis*
4469	*Ficus glumosa*		4542	*Lepisanthes senegalensis*
4470	*Cochlospermum planchonii*		4543	*Kigelia africana*
4472	*Clematis hirsuta*		4544	*Sesbania sesban*
4473	*Trema orientalis*		4545	*Gardenia triacantha*
4474	*Ipomoea heterotricha*		4546	*Ficus capreifolia*
4475	*Oropetium aristatum*		4547	*Uvaria chamae*

Annexe III, suite. Numéros et noms des échantillons de Bérhaut.

4548	*Canscora diffusa*	4613	*Fuirena umbellata*
4551	*Hibiscus asper*	4614	*Pouchetia africana*
4552	*Canscora diffusa*	4616	*Hydrolea glabra*
4553	*Arundinella nepalensis*	4617	*Indigofera nigritana*
4554	*Indigofera*	4618	*Trichilia emetica*
4555	*Ficus lecardii*	4619	*Cyperus tenuispica*
4556	*Ficus lecardii*	4620	*Englerastrum nigericum*
4557	*Malacantha alnifolia*	4621	*Herderia truncata*
4558	*Ficus lecardii*	4622	*Alternanthera sessilis*
4560	*Lepidagathis sericea*	4623	*Floscopa glomerata*
4561	*Indigofera terminalis*	4624	*Gnaphalium indicum*
4562	*Triumfetta heudelotii*	4625	*Ludwigia erecta*
4563	*Eragrostis namaquensis*	4626	*Lagenaria breviflora*
4564	*Teramnus labialis*	4628	*Combretum tomentosum*
4565	*Phaulopsis falcisepala*	4630	*Hygrophila niokoloensis*
4566	*Elephantopus mollis*	4631	*Pleiotaxis chlorolepis*
4567	*Ficus lecardii*	4632	*Ludwigia hyssopifolia*
4568	*Ficus glumosa*	4633	*Indigofera geminata*
4571	*Spondias mombin*	4634	*Albizia malacophylla*
4572	*Combretum glutinosum*	4638	*Panicum lindleyanum*
4573	*Usteria guineensis*	4639	*Canscora diffusa*
4574	*Loudetiopsis pobeguinii*	4640	*Scleria tricholepis*
4575	*Pleiotaxis chlorolepis*	4641	*Arundinella nepalensis*
4576	*Leersia drepanothrix*	4644	*Simirestris paniculata*
4577	*Pandanus senegalensis*	4645	*Garcinia ovalifolia*
4578	*Lippia chevalieri*	4646	*Rothmannia whitfieldii*
4579	*Andropogon gayanus*	4647	*Canthium multiflorum*
4581	*Floscopa africana*	4649	*Panicum afzelii*
4582	*Hyparrhenia rufa*	4650	*Zanha golungensis*
4584	*Elephantopus mollis*	4651	*Desmodium hirtum*
4587	*Vernonia colorata*	4652	*Waltheria lanceolata*
4589	*Triumfetta rhomboidea*	4653	*Canscora decussata*
4590	*Vitellaria paradoxa*	4654	*Garcinia ovalifolia*
4591	*Gnidia foliosa*	4655	*Canthium multiflorum*
4592	*Hymenocardia heudelotii*	4656	*Syzygium guineense*
4593	*Hibiscus sterculifolius*	4658	*Landolphia heudelotii*
4594	*Monechma depauperatum*	4659	*Buchnera leptostachya*
4595	*Acalypha senensis*	4661	*Canthium cornelia*
4596	*Lepidagathis sericea*	4663	*Melastomastrum capitatum*
4597	*Acalypha senensis*	4664	*Crotalaria pallida*
4598	*Decliptera verticillata*	4668	*Cephalostigma perrottetii*
4599	*Hyparrhenia glabriuscula*	4669	*Sorindeia juglandifolia*
4600	*Hyparrhenia rufa*	4670	*Neorosea chevalieri*
4601	*Bryaspis lupulina*	4671	*Panicum afzelii*
4602	*Manilkara multinervis*	4672	*Loudetiopsis pobeguinii*
4603	*Rothmannia whitfieldii*	4673	*Physalis micrantha*
4604	*Garcinia ovalifolia*	4674	*Drosera indica*
4604	*Linociera nilotica*	4675	*Eriocaulon fulvum*
4606	*Usteria guineensis*	4677	*Bryaspis lupulina*
4609	*Nesaea erecta*	4678	*Schizachyrium platyphylium*
4610	*Rotala tenella*	4679	*Nemum spadiceum*
4611	*Xyris anceps*	4680	*Acroceras amplectens*
4612	*Vigna ambacensis*	4684	*Pluchea perrottetiana*

Annexe III, suite. Numéros et noms des échantillons de Bérhaut.

4685	*Hygrophila niokoloensis*	4751	*Dissotis phaeotricha*
4687	*Hydrolea macrosepala*	4752	*Ampelopteris prolefera*
4688	*Rhytachne gracilis*	4753	*Cyclosorus goggilodus*
4689	*Ottelia ulvifolia*	4754	*Cyclosorus striatus*
4690	*Eragrostis cambessediana*	4755	*Chara fibrosa*
4691	*Sansevieria liberica*	4756	*Chara*
4692	*Rikliella kernii*	4757	*Chara aspera*
4693	*Eriocaulon buchamani*	4758	*Panicum parvifolium*
4694	*Floscopa aquatica*	4759	*Ludwigia stenoraphe*
4695	*Scleria globonux*	4761	*Mitragyna stipulosa*
4697	*Ludwigia senegalensis*	4762	*Lannea afzelii*
4698	*Limnophila barteri*	4764	*Kyllinga microcephala*
4700	*Virectaria multiflora*	4765	*Flacourtia flavescens*
4701	*Hydrolea macrosepala*	4767	*Sida acuta*
4702	*Burmannia bicolor*	4769	*Solanum aculeatisimum*
4703	*Limnophila indica*	4770	*Blumea mollis*
4704	*Rhynchospora eximia*	4771	*Kedrostis hirtella*
4705	*Pseudocedrela kotschyi*	4772	*Zehneria hallii*
4706	*Herderia truncata*	4774	*Micrargeria filiformis*
4711	*Lepidagathis capituliformis*	4775	*Ficus scott-elliotii*
4712	*Thalia welwitschii*	4776	*Cleome monophylla*
4713	*Abrus canescens*	4778	*Aspilia kotschyi*
4714	*Smilax kraussiana*	4780	*Cyperus cuspidatus*
4715	*Ceratopteris cornuta*	4781	*Rhynchosia albae-pauli*
4716	*Floscopa africana*	4782	*Cyphostemma vogelii*
4718	*Bacopa floribunda*	4783	*Ficus congensis*
4719	*Ipomoea ochracea*	4784	*Clerodendrum volubile*
4720	*Eriocaulon buchamani*	4785	*Oldenlandia lancifolia*
4720	*Xyris anceps*	4786	*Aeschynomene schimperi*
4722	*Ischaemum rugosum*	4787	*Ammannia auriculata*
4723	*Panicum parvifolium*	4788	*Polygonum salicifolium*
4724	*Fuirena stricta*	4789	*Neophytis paniculata*
4725	*Diplacrum africanum*	4790	*Drosera indica*
4726	*Scleria tricholepis*	4792	*Polycarpaea pobeguini*
4727	*Floscopa glomerata*	4795	*Afzelia africana*
4728	*Thalia welwitschii*	4796	*Lannea microcarpa*
4729	*Polygala arenaria*	4797	*Quassia undulata*
4730	*Ludwigia stenoraphe*	4799	*Erythrophleum africanum*
4731	*Xyris barteri*	4801	*Hunteria elliotii*
4732	*Utricularia spiralis*	4803	*Christiana africana*
4733	*Merremia pterygocaulos*	4805	*Hypoestes verticillaris*
4734	*Voacanga thouarsii*	4809	*Crossopteryx febrifuga*
4735	*Ascolepis brasiliensis*	4810	*Lepidagathis heudelotiana*
4736	*Vangueriopsis discolor*	4814	*Erythrophleum africanum*
4737	*Oldenlandia goreensis*	4816	*Annona senegalensis*
4739	*Hygrophila brevituba*	4817	*Hyptis spicigera*
4740	*Rhynchospora gracillima*	4819	*Combretum nigricans*
4742	*Englerina lecardii*	4821	*Ludwigia stenoraphe*
4743	*Taipinanthus pentagonia*	4823	*Mallotus oppositifolius*
4744	*Zanthoxylum leprieurii*	4824	*Xylopia parvifolia*
4745	*Chloris robusta*	4825	*Xylopia parvifolia*
4746	*Bombax costatum*	4826	*Byrsanthus brownii*
4749	*Rhizophora racemosa*	4829	*Entada mannii*

Annexe III, suite. Numéros et noms des échantillons de Bérhaut.

4830	Cyathula prostrata	4892	Rothia hirsuta
4831	Indigofera leptoclada	4893	Chloris prieuri
4832	Canavalia virosa	4894	Indigofera pilosa
4833	Quassia undulata	4895	Andropogon gayanus
4834	Blumea mollis	4897	Eragrostis squamata
4835	Syzygium guineense	4899	Cressa cretica
4836	Fuirena umbellata	4900	Hibiscus asper
4837	Andropogon pinguipes	4901	Waltheria indica
4838	Acacia nilotica	4902	Kohautia senegalensis
4840	Setaria verticillata	4903	Scoparia dulcis
4842	Pennisetum violaceum	4904	Cryptostegia grandiflora
4843	Sida alba	4906	Guiera senegalensis
4844	Alternanthera nodiflora	4908	Vernonia perrottetii
4845	Mitracarpus scaber	4911	Evolvulus alsinoides
4846	Echinochloa colona	4912	Ipomoea ochracea
4847	Acanthospermum hispidum	4913	Sansevieria senegambica
4849	Hygrophila auriculata	4914	Oxytenanthera abyssinica
4850	Croton perottetii	4917	Annona squamosa
4851	Euphorbia forskalii	4919	Amorphophallus aphyllus
4852	Striga hermonthica	4921	Sphaeranthus senegalensis
4853	Cucumis melo	4922	Cucumis melo
4854	Crotalaria perrottetii	4923	Buchnera hispida
4855	Celosia trigyna	4924	Echinochloa colona
4856	Psidium cattleyanum	4925	Gardenia triacantha
4857	Breynia nivosa	4926	Gardenia ternifolia
4858	Annona reticulata	4927	Annona senegalensis
4859	Leucaena glauca	4928	Combretum aculeatum
4863	Tephrosia linearis	4929	Diospyros mespiliformis
4864	Polycarpaea linearifolia	4930	Terminalia avicennoides
4865	Blepharis linariifolia	4932	Combretum glutinosum
4866	Cassytha filiformis	4933	Combretum nigricans
4867	Indigofera heudelotii	4934	Ozoroa insignis
4868	Lantana camara	4935	Quassia undulata
4870	Grevillea robusta	4936	Lannea acida
4871	Cassia siamea	4938	Asparagus flagellaris
4872	Setaria chevalieri	4939	Urginea altissima
4873	Aristolochia elegans	4940	Combretum glutinosum
4875	Bauhinia monandra	4942	Borreria verticillata
4876	Euphorbia prostrata	4943	Ximenia americana
4877	Eragrostis tremula	4944	Combretum glutinosum
4878	Andropogon pinguipes	4945	Cordyla pinnata
4879	Schoenefeldia gracilis	4946	Combretum lecardii
4880	Ctenium elegans	4947	Cadaba farinosa
4881	Aristida sieberana	4948	Combretum aculeatum
4882	Aristida stipoides	4949	Combretum glutinosum
4883	Schizachyrium exile	4950	Erythrina senegalensis
4884	Schizachyrium brevifolium	4951	Acacia senegal
4885	Pennisetum pedicellatum	4952	Securidaca longipedunculata
4886	Pennisetum violaceum	4953	Acacia seyal
4887	Jacquemontia tamnifolia	4954	Vitex madiensis
4888	Stylosanthes erecta	4955	Guiera senegalensis
4890	Andropogon gayanus	4956	Diospyros mespiliformis
4891	Chrozophora senegalense	4957	Gardenia erubescens

Annexe III, suite. Numéros et noms des échantillons de Bérhaut.

4958	Gardenia erubescens	5027	Hygrophila odora
4959	Combretum lecardii	5028	Saba senegalensis
4960	Pterocarpus erinaceus	5029	Amorphophallus aphyllus
4962	Malacantha alnifolia	5030	Eragrostis squamata
4963	Lonchocarpus laxiflorus	5031	Loeseneriella africana
4964	Lonchocarpus laxiflorus	5032	Ximenia americana
4965	Bridelia micrantha	5033	Lannea microcarpa
4966	Icacina senegalensis	5034	Entada africana
4968	Detarium senegalense	5035	Clerodendrum volubile
4969	Lonchocarpus laxiflorus	5036	Cyclosorus goggilodus
4970	Pterocarpus erinaceus	5037	Crotalaria lathyroides
4971	Stereospermum kunthianum	5038	Celosia laxa
4972	Cassia sieberiana	5039	Launaea brunneri
4973	Prosopis africana	5040	Sonchus glaucescens
4974	Calotropis procera	5041	Ampelopteris prolefera
4976	Parkia biglobosa	5042	Pycreus mundtii
4977	Ficus thonningii	5043	Indigofera spicata
4978	Ficus ingens	5044	Bacopa floribunda
4979	Merremia tridentata	5045	Rhus incana
4980	Boerhavia coccinea	5047	Rhynchospora corymbosa
4981	Vitex doniana	5048	Cyperus difformis
4982	Detarium senegalense	5050	Aframomum elliotii
4983	Stereospermum kunthianum	5051	Centella asiatica
4984	Lonchocarpus laxiflorus	5052	Hydrocotyle bonariensis
4985	Pterocarpus erinaceus	5053	Limeum viscosum
4986	Erythrophleum suaveolens	5057	Rhizophora racemosa
4987	Combretum paniculatum	5060	Cyperus conglomeratus
4988	Combretum lecardii	5061	Ampelopteris prolefera
4989	Combretum lecardii	5062	Lemna aequinoctialis
4990	Combretum mucronatum	5064	Indigofera heudelotii
4992	Newbouldia laevis	5065	Lobelia senegalensis
4993	Wolffiopsis welwitschii	5066	Dissotis senegambiensis
4994	Ziziphus mucronata	5068	Cephaelis peduncularis
4995	Cyperus haspan	5070	Salvia coccinea
4996	Leersia hexandra	5071	Cyperus laevigatus
4997	Desmodium salicifolium	5073	Commiphora africana
5001	Marsilea trichopoda	5074	Commelina diffusa
5002	Marsilea diffusa	5076	Lannea acida
5005	Combretum mucronatum	5077	Lannea acida
5006	Polygonum salicifolium	5079	Cephaelis peduncularis
5007	Blumea mollis	5080	Opilia celtidifolia
5008	Ludwigia leptocarpa	5081	Ludwigia adscendens
5009	Waltheria indica	5082	Trema orientalis
5011	Hewittia sublobata	5084	Grangea maderaspatana
5012	Combretum mucronatum	5085	Centella asiatica
5013	Erythrophleum suaveolens	5086	Combretum paniculatum
5014	Fuirena umbellata	5087	Rhynchosia pycnostachya
5015	Nelsonia canescens	5088	Calamus deerratus
5016	Boerhavia erecta	5089	Xyris anceps
5017	Lophira lanceolata	5090	Nymphaea lotus
5019	Ficus umbellata	5091	Landolphia heudelotii
5022	Adenostemma perrottetii	5092	Tacazzea apiculata
5023	Hibiscus physaloides	5093	Opilia celtidifolia

Annexe III, suite. Numéros et noms des échantillons de Bérhaut.

5094	Sida linifolia	5155	Paspalidium geminatum
5095	Indigofera heudelotii	5156	Tephrosia linearis
5096	Torenia thouarsii	5157	Tephrosia lupinifolia
5098	Bridelia micrantha	5158	Cyclosorus goggilodus
5099	Oldenlandia goreensis	5159	Indigofera spicata
5100	Cyperus dives	5160	Digitaria horizontalis
5101	Indigofera heudelotii	5161	Kyllinga pumila
5103	Ipomoea cairica	5162	Rhynchospora corymbosa
5104	Blumea aurita	5163	Cyperus haspan
5106	Carissa edulis	5164	Struchium sparganophorus
5108	Imperata cylindrica	5165	Pavetta oblongifolia
5109	Cistanche phelipaea	5166	Lannea acida
5110	Tylophora sylvatica	5167	Secamone afzelii
5112	Blumea aurita	5168	Secamone afzelii
5113	Pouchetia africana	5169	Ixora brachypoda
5114	Crotalaria sphaerocarpa	5170	Ixora brachypoda
5115	Glinus oppositifolius	5172	Mikania cordata
5116	Maytenus senegalensis	5173	Syzygium guineense
5117	Tephrosia lupinifolia	5174	Aframomum elliotii
5119	Capparis tomentosa	5175	Pycreus mundtii
5120	Ekebergia senegalensis	5177	Ludwigia leptocarpa
5122	Annona glabra	5178	Cyperus pectinatus
5123	Alchornea cordifolia	5180	Oncinotis nitida
5124	Centella asiatica	5181	Pycreus testui
5126	Capparis polymorpha	5182	Cyperus pectinatus
5127	Strophanthus sarmentosus	5183	Clitoria rubiginosa
5128	Dalbergia ecastaphyllum	5184	Cyclosorus goggilodus
5129	Boscia senegalensis	5185	Utricularia gibba
5130	Ekebergia senegalensis	5186	Gardenia ternifolia
5131	Capparis polymorpha	5187	Euphorbia hirta
5132	Capparis tomentosa	5188	Rhynchosia pycnostachya
5133	Erythrococca africana	5190	Macaranga heudelotii
5134	Glinus oppositifolius	5191	Psychotria psychotrioides
5135	Blumea aurita	5192	Torenia thouarsii
5136	Ixora brachypoda	5193	Nesaea radicans
5137	Mikania cordata	5194	Glinus oppositifolius
5138	Cyperus haspan	5195	Lygodium microphyllum
5139	Pycreus polystachyos	5196	Ruellia praetermissa
5140	Ipomoea involucrata	5197	Antidesma venosum
5141	Diodia scandens	5198	Struchium sparganophorus
5142	Polygonum lanigerum	5199	Ipomoea involucrata
5143	Aristida sieberana	5200	Macaranga heudelotii
5144	Clitoria rubiginosa	5201	Rytigynia gracillipetiolata
5145	Mariscus ligularis	5202	Alectra sessiliflora
5146	Vigna racemosa	5203	Tetracera alnifolia
5147	Kyllinga erecta	5204	Mezoneurum benthamianum
5148	Cyperus distans	5205	Desmodium adscendens
5149	Hewittia sublobata	5206	Cyclosorus striatus
5150	Cyathula pobeguinii	5207	Blumea aurita
5151	Cyperus haspan	5208	Nesaea crassicaulis
5152	Triumfetta cordifolia	5209	Pentodon pentandrus
5153	Enydra fluctuans	5210	Alternanthera sessilis
5154	Pavetta oblongifolia	5211	Clitoria rubiginosa

Annexe III, suite. Numéros et noms des échantillons de Bérhaut.

5212	Schwenckia americana	5275	Bridelia micrantha
5213	Hibiscus furcatus	5276	Cyperus esculentus
5214	Tylophora sylvatica	5278	Lannea humilis
5215	Cephaelis peduncularis	5279	INDET
5216	Desmodium salicifolium	5280	Tamarindus indica
5217	Cyperus dives	5281	Hoslundia opposita
5218	Holarrhena floribunda	5282	Combretum micranthum
5219	Desmodium adscendens	5283	Asparagus africanus
5220	Cyclosorus striatus	5284	Asparagus flagellaris
5221	Rytigynia gracillipetiolata	5285	Prosopis africana
5223	Euphorbia glomifera	5286	Stereospermum kunthianum
5224	Berhautia senegalensis	5287	Rhynchosia albae-pauli
5229	Vernonia bambilorensis	5288	Urginea indica
5230	Tetracera alnifolia	5289	Entada africana
5231	Daniellia oliveri	5290	Opilia celtidifolia
5232	Lannea acida	5291	Commelina livingstonii
5233	Lannea acida	5292	Pandiaka involucrata
5235	Heliotropium ovalifolium	5293	Combretum paniculatum
5236	Dichantium papillosum	5294	Heliotropium indicum
5237	Heliotropium supinum	5295	Diospyros mespiliformis
5238	Heliotropium ovalifolium	5296	Cyperus distans
5239	Heliotropium supinum	5297	Conyza aegyptiaca
5240	Combretum micranthum	5298	Maerua oblongifolia
5241	Combretum micranthum	5299	Saba senegalensis
5243	Diodia scandens	5301	Securidaca longipedunculata
5244	Glinus oppositifolius	5302	Heliotropium indicum
5245	Lepisanthes senegalensis	5303	Panicum subalbidum
5246	Ruellia praetermissa	5304	Flacourtia flavescens
5247	Chrysobalanus orbicularis	5305	Afraegle paniculata
5248	Rhus incana	5309	Echinochloa stagnina
5249	Antidesma venosum	5310	Sesamum alatum
5250	cephaelis peduncularis	5311	Sapindus saponaria
5251	Capparis polymorpha	5312	Salacia senegalensis
5252	Gisekia pharnacioides	5314	Erythrococca africana
5253	Limeum viscosum	5317	Zanthoxylum zanthoxyloides
5254	Crotalaria perrottetii	5319	Commelina livingstonii
5255	Melochia melissifolia	5323	Clerodendrum capitatum
5256	Landolphia heudelotii	5324	Desmodium tortuosum
5257	Ritchiea capparoides	5325	Haemanthus multiflorus
5258	Dipcadi longifolium	5328	Eragrostis linearis
5260	Urginea indica	5329	Eulophia guineensis
5261	Ficus dicranostyla	5330	Anthocleista procera
5262	Dalbergia ecastaphyllum	5331	Nymphaea micrantha
5263	Sarcocephalus latifolius	5332	Holarrhena floribunda
5264	Ipomoea asarifolia	5333	Oncoba spinosa
5265	Blumea aurita	5334	Sida rhombifolia
5267	Lemna aequinoctialis	5336	Boscia senegalensis
5269	Grangea maderaspatana	5337	Cassia sieberiana
5270	Nymphaea micrantha	5338	Dichrostachys cinerea
5271	Blumea aurita	5339	Uvaria chamae
5272	Prosopis africana	5341	Dialium guineense
5273	Cordia senegalensis	5342	Asparagus flagellaris
5274	Echinochloa pyramidalis	5343	Ampelocissus pentaphylla

Annexe III, suite. Numéros et noms des échantillons de Bérhaut.

5344	*Pancratium trianthum*	5409	*Chlorophytum laxum*
5346	*Albuca nigritana*	5410	*Hypoestes verticillaris*
5347	*Ormocarpum sennoides*	5411	*Cyperus rotundus*
5348	*Blumea aurita*	5412	*Haemanthus multiflorus*
5349	*Blumea aurita*	5415	*Chlorophytum macrophyllum*
5350	*Launaea brunneri*	5416	*Panicum walense*
5351	*Hoslundia opposita*	5417	*Blepharis maderaspatensis*
5352	*Ormocarpum sennoides*	5418	*Kyllinga tenuifolia*
5353	*Cassia sieberiana*	5419	*Abrus pulchellus*
5354	*Commelina livingstonii*	5420	*Digitaria longiflora*
5355	*Grewia bicolor*	5421	*Eragrostis turgida*
5358	*Melanthera gambica*	5422	*Zornia glochidiata*
5359	*Bothriochloa bladhii*	5423	*Sporobolus pyramidalis*
5361	*Boerhavia coccinea*	5424	*Microchloa indica*
5362	*Cyperus conglomeratus*	5426	*Sporobolus stolzii*
5363	*Ophioglossum reticulatum*	5427	*Cassia jaegeri*
5364	*Curculigo pilosa*	5429	*Abrus precatorius*
5366	*Kyllinga tenuifolia*	5430	*Chlorophytum laxum*
5367	*Wormskioldia pilosa*	5431	*Microchloa indica*
5368	*Heliotropium strigosum*	5432	*Polygala multiflora*
5370	*Mollugo nudicaulis*	5433	*Indigofera nummulariifolia*
5371	*Sporobolus festivus*	5434	*Ormocarpum sennoides*
5372	*Eragrostis pilosa*	5435	*Crotalaria hyssopifolia*
5373	*Brachiaria xantholeuca*	5437	*Melanthera gambica*
5375	*Kyllinga tenuifolia*	5438	*Chlorophytum macrophyllum*
5377	*Cyperus pulchellus*	5439	*Bacopa floribunda*
5378	*Kyllingiella microcephala*	5440	*Ludwigia perennis*
5379	*Cayratia gracilis*	5441	*Teramnus labialis*
5381	*Cyphostemma vogelii*	5442	*Commelina livingstonii*
5382	*Conocarpus erectus*	5443	*Acalypha segetalis*
5383	*Panicum maximum*	5444	*Polygala erioptera*
5384	*Corallocarpus epigaeus*	5445	*Kohautia senegalensis*
5385	*Corallocarpus epigaeus*	5446	*Cyperus tenuispica*
5386	*Kedrostis hirtella*	5447	*Aspilia helianthoides*
5387	*Momordica charantia*	5448	*Oryza barthii*
5389	*Cryptolepis sanguinolenta*	5449	*Crotalaria spinosa*
5391	*Oncinotis nitida*	5450	*Abrus pulchellus*
5392	*Commelina congesta*	5451	*Abrus stictosperma*
5393	*Synedrella nodiflora*	5452	*Abrus precatorius*
5394	*Indigofera nummulariifolia*	5453	*Mariscus soyauxii*
5396	*Indigofera aspera*	5454	*Pycreus pumilis*
5397	*Striga gesnerioides*	5455	*Annona glauca*
5398	*Secamone afzelii*	5456	*Scleria naumanniana*
5399	*Crinum zeylanicum*	5457	*Cryptolepis sanguinolenta*
5400	*Boerhavia coccinea*	5458	*Boerhavia coccinea*
5401	*Clitoria rubiginosa*	5459	*Adenia lobata*
5402	*Tephrosia platycarpa*	5460	*Crotalaria arenaria*
5403	*Digitaria longiflora*	5461	*Merremia tridentata*
5404	*Ipomoea involucrata*	5462	*Pouzolzia guineensis*
5405	*Gloriosa simplex*	5463	*Abrus pulchellus*
5406	*Oncinotis nitida*	5464	*Aspilia kotschyi*
5407	*Cryptolepis sanguinolenta*	5465	*Schoenoplectus senegalensis*
5408	*Sophora tomentosa*	5466	*Indigofera parviflora*

Annexe III, suite. Numéros et noms des échantillons de Bérhaut.

5467	Vigna radiata	5530	Dichantium annulatum
5468	Marsilea trichopoda	5344	Buchnera hispida
5470	Abrus pulchellus	5532	Rhynchosia albiflora
5471	Aspilia kotschyi	5533	Polycarpaea corymbosa
5472	Erythrococca africana	5534	Cucumis metuliferus
5473	Indigofera astragalina	5535	Sida acuta
5474	Scleria foliosa	5536	Cyperus rotundus
5475	Fuirena ciliaris	5537	Kohautia grandiflora
5476	Merremia aegyptiaca	5538	Polycarpaea corymbosa
5477	Dolichos daltoni	5539	Cucumis metuliferus
5483	Achyranthes argentea	5540	Aspilia kotschyi
5484	Nymphaea micrantha	5541	Brachiaria mutica
5485	Pouzolzia guineensis	5542	Triumfetta rhomboidea
5486	Ormocarpum verrucosum	5543	Coccinia grandis
5487	Vigna vexillata	5544	Aristida sieberana
5488	Vigna angustifolia	5545	Schoenefeldia gracilis
5490	Vigna ambacensis	5546	Aristida adscensionis
5491	Cassia jaegeri	5547	Cyperus esculentus
5494	Andropogon fastigiatus	5548	Borreria stachydea
5495	Eragrostis lingulata	5549	Cyperus amabilis
5496	Andropogon pseudapricus	5550	Desmodium gangeticum
5497	Stylosanthes erecta	5551	Tetracera alnifolia
5498	Ipomoea sepiaria	5552	Eragrostis ciliaris
5499	Ormocarpum sennoides	5553	Commelina nigritana
5500	Crotalaria glaucoides	5554	Ludwigia octovalvis
5501	Alternanthera pungens	5555	Digitaria leptorhachis
5502	Crotalaria hyssopifolia	5557	Pycreus macrostachyos
5503	Polygala arenaria	5558	Polycarpaea linearifolia
5504	Mukia maderaspatana	5559	Cryptolepis sanguinolenta
5505	Cassia nigricans	5560	Indigofera macrophylla
5506	Mariscus squarrosus	5561	Utricularia thonningii
5507	Tephrosia pedicellata	5562	Sorghum halepense
5508	Clerodendrum sinuatum	5563	Boerhavia repens
5509	Brachiaria stigmatisata	5564	Cassia alata
5510	Eragrostis lingulata	5565	Kohautia senegalensis
5513	Crotalaria ochroleuca	5566	Clematis hirsuta
5514	Plumbago zeylanica	5567	Boerhavia repens
5515	Ammannia senegalensis	5568	Marsilea trichopoda
5516	Ludwigia perennis	5570	Diospyros ferrea
5517	Bothriochloa bladhii	5571	Ormocarpum verrucosum
5518	Cyperus difformis	5573	Ormocarpum verrucosum
5519	Panicum laetum	5574	Ceratophyllum demersum
5520	Indigofera oblongifolia	5575	Nymphaea micrantha
5521	Hypoestes verticillaris	5576	Nymphaea caerulea
5522	Dichantium papillosum	5577	Indigofera suffruticosa
5523	Crotalaria spinosa	5578	Heteropogon melanocarpus
5524	Celosia argentea	5579	Marsilea diffusa
5525	Eleocharis	5580	Marsilea diffusa
5525	Echinochloa nubica	5581	Marsilea diffusa
5526	Bothriochloa glabra	5582	Marsilea diffusa
5527	Sorghastrum bipennatum	5583	Marsilea diffusa
5528	Indigofera parviflora	5584	Nymphaea micrantha
5529	Crotalaria ochroleuca	5585	Thunbergia erecta

Annexe III, suite. Numéros et noms des échantillons de Bérhaut.

5587	*Indigofera suffruticosa*	5621	*Conocarpus erectus*
5589	*Crotalaria lathyroides*	5622	*Eragrostis tremula*
5590	*Cyperus cuspidatus*	5623	*Suaeda vermiculata*
5595	*Scleria foliosa*	5624	*Arthrocneum indicum*
5596	*Hibiscus surattensis*	5626	*Cochlospermum planchonii*
5597	*Ipomoea involucrata*	5629	*Hydrolea macrosepala*
5598	*Crotalaria lathyroides*	5630	*Combretum etessei*
5599	*Abrus pulchellus*	5631	*Lecaniodiscus cupanioides*
5600	*Abrus stictosperma*	5632	*Indigofera leptoclada*
5601	*Nesaea aspera*	5633	*Indigofera stenophylla*
5602	*Nesaea aspera*	5639	*Oldenlandia capensis*
5603	*Nesaea erecta*	5641	*Nemum spadiceum*
5604	*Cucumis prophetarum*	5642	*Verbesina encelioides*
5605	*Polygala irregularis*	5643	*Nervilia kotschyi*
5606	*Ipomoea kotschyana*	5646	*Cenchrus biflorus*
5607	*Ammannia senegalensis*	5647	*Brachiaria deflexa*
5608	*Marsilea trichopoda*	5648	*Ziziphus spina-christi*
5609	*Cucumis prophetarum*	5649	*Vernonia nigritiana*
5610	*Cucumis prophetarum*	5654	*Conyza aegyptiaca*
5611	*Cucumis prophetarum*	5655	*Ammannia baccifera*
5612	*Echinochloa colona*	5656	*Laguncularia racemosa*
5613	*Echinochloa colona*	5657	*Rhizophora harrisonii*
5614	*Ammannia auriculata*	5659	*Rhizophora racemosa*
5616	*Nesaea aspera*	5660	*Parinari excelsa*
5617	*Sporobolus virginicus*	5661	*Launaea brunneri*
5618	*Diodia serrulata*	5662	*Blumea aurita*
5619	*Polycarpaea linearifolia*	5663	*Gymnema sylvestre*
5620	*Dalbergia ecastaphyllum*	5664	*Kyllinga erecta*

Annexe IV. Espèces du Sénégal dans l'herbier "DAKAR".

Acanthaceae
Asystasia gangetica (L.) T. Anders. — Coll.: ERV 106; LYK 257, 325; MAD 1299, 3231, 3634.
Barleria maclaudii R. Benoist. — Coll.: MAD 3604.
Blepharis linariifolia Pers. — Coll.: BER 3731, 3734, 4865; MAD 3995.
Blepharis maderaspatensis (L.) Hayne ex Roth. — Coll.: BER 3379, 5417; MAD 2260, 2625, 4370.
Decliptera verticillata (Forsk.) C. Chr. — Coll.: BER 4214, 4598; MAD 4630.
Dyschoriste heudelotiana (Nees) O. Ktze. — Coll.: BA 1219; BER 2956; MAD 1348, 2905, 3098, 3748, 4012.
Dyschoriste perrottetii (Nees) O. Ktze. — Coll.: BA 1221; BER 3606, 4343; MAD 1100, 1114, 1132, 2966.
Hygrophila auriculata (Sch.) Heine. — Coll.: BER 4050, 4849; LYK 559; MAD 4440.
Hygrophila brevituba (Burkill) Heine. — Coll.: BER 4739.
Hygrophila laevis (Nees) Lindau. — Coll.: BER 4211, 4213, 4217; MAD 1081, 1451, 2917, 4742.
Hygrophila niokoloensis Berhaut. — Coll.: MAD 1135.
Hygrophila odora (Nees) T. Anders. — Coll.: BER 1338, 5027.
Hygrophila senegalensis (Nees) T. Anders. — Coll.: BER 3335; MAD 3650, 3709, 4346, 4422, 4448, 4578.
Hypoestes verticillaris (L. f.) Soland. ex Roem. et Schult. — Coll.: BER 4103, 4805, 5410, 5521; MAD 1104, 1150.
Justicia kotschyi (Hochst.) Dandy. — Coll.: BER 3173; ERV 111; GOU 129, 258; MAD 2619, 2751, 3305, 3683, 4322.
Justicia niokolo-kobae Berh. — Coll.: MAD 1491, 1616, 3150.
Justicia tenella (Nees) T. Anders. — Coll.: BER 4419, 4537; GOU 232; MAD 1379, 3638, 3821, 3990, 4620.
Lepidagathis anobrya Nees. — Coll.: BER 3702, 4135, 4482; MAD 2621, 3672, 4335, 4364, 4367.
Lepidagathis capituliformis Benoist. — Coll.: BER 4455, 4541, 4711; MAD 2638, 3362, 3673, 4386.
Lepidagathis collina (Endl.) Milne.-Redh. — Coll.: BER 4456; MAD 2636, 3182, 3711, 4344.
Lepidagathis heudelotiana Nees. — Coll.: BER 4076, 4810.
Lepidagathis sericea Benoist. — Coll.: BER 4508, 4560, 4596; MAD 3670, 3793, 3992.
Monechma ciliatum (Jacq.) Milne.-Redh. — Coll.: BER 3977; GOU 161, 167, 196; LYK 464; MAD 1157, 2039, 2162, 2197, 2436, 2753, 2950, 3301, 3341, 3700, 3940, 4290, 4569, 4691; VAN 10067.
Monechma depauperatum (T. Anders.) C. B. Cl. — Coll.: BER 1679, 4594.
Nelsonia canescens (Lam.) Spreng. — Coll.: BA 1213; BER 4052, 5015; GOU 1271, 34; LYK 803; MAD 1407, 3118, 3991, 4078.
Peristrophe bicalyculata (Retz.) Nees. — Coll.: BER 3963; LYK 627.
Phaulopsis ciliata (Willd.) Hepper. — Coll.: MAD 2608, 3603.
Phaulopsis falcisepala C.B.Cl. — Coll.: BER 4565.
Phaulopsis imbricata (Forsk.) Sweet. — Coll.: BER 4459; MAD 2824.
Ruellia praetermissa Schweinf. — Coll.: BER 5196, 5246; MAD 2252.
Ruspolia hypocrateriformis (Vahl.) Milne-Redh. — Coll.: BER 3445; MAD 1019, 3232.
Thunbergia chrysops Hook. — Coll.: ERV 100; GOU 221; MAD 3632.
Thunbergia erecta . — Coll.: BER 5585; LYK 171.

Adiantaceae
Adiantum philippense L. — Coll.: ERV 105; GOU 135; MAD 2622, 3307, 3628, 3778, 4300, 4659.

Agavaceae
Furcraea selloa Koch. — Coll.: BER 3593.
Sansevieria liberica Gér. et Lebr. — Coll.: BER 3928, 4691; MAD 1535, 2643, 2954, 2991; SAM 259.
Sansevieria senegambica Bak. — Coll.: BER 4913; MAD 3243; SAM 554.

Annexe IV, suite. Espèces du Sénégal dans l'herbier "DAKAR".

Aizoaceae

Gisekia pharnacioides L. — Coll.: BER 5252; MAD 4100, 4129.

Sesuvium portulacastrum (L.) L. — Coll.: MAD 2667, 2713, 3525, 3528, 4043, 4136.

Sesuvium sesuvioides (Fenzl.) Verdc. — Coll.: MAD 3524, 4044.

Trianthema portulacastrum L. — Coll.: MAD 1017.

Trianthema triquetra Willd. — Coll.: MAD 2708, 3408, 3537.

Zaleya pentandra (L.) Jeffrey. — Coll.: MAD 3590, 4191.

Alismataceae

Caldesia oligococca (F. von Muell.) Buchen. — Coll.: MAD 2187, 2326, 3337, 3732.

Limnophila barteri Skan. — Coll.: BER 4698.

Limnophila indica (L.) Druce. — Coll.: BER 4703.

Limnophytum obtusifolium (L.) Miq. — Coll.: BER 3937, 3949.

Sagittaria guayanensis H.B. & Kunth. — Coll.: BER 3258; MAD 2998, 4449.

Weisneria schweinfurthii Hook. f. — Coll.: BER 3257.

Amaranthaceae

Achyranthes argentea Lam. — Coll.: BEK 31; BER 1024, 3548, 3586, 3685, 3930, 4229, 5483; LYK 503.

Achyranthes aspera L. — Coll.: BER 3398, 3618, 3987, 4029; MAD 1009, 2259, 2429, 2943, 3772, 3950, 4009.

Aerva javanica (Burm.) Juss. ex Schult. — Coll.: MAD 2661, 3432, 3506, 3542, 4149.

Alternanthera maritima Mart. St-Hil. — Coll.: LYK 589; MAD 2854, 4051.

Alternanthera nodiflora R. Br. — Coll.: BER 4224, 4844; MAD 2695, 2914, 3787.

Alternanthera pungens H.B.K. — Coll.: BER 5501; MAD 1050; VAN 10083.

Alternanthera sessilis (L.) R. Br. — Coll.: BA 1217; BER 3966, 4085, 4622, 5210; MAD 1006, 1101, 1130, 1131, 1398, 2513, 3594, 4173, 4224.

Amaranthus graecizans L. — Coll.: MAD 3445, 3588, 4121.

Amaranthus spinosus L. — Coll.: BER 3430; LYK 111; MAD 1305, 2672.

Amaranthus viridis L. — Coll.: BEK 15; BER 4307; LYK 623; MAD 3197; VAN 10072.

Celosia argentea L. — Coll.: BER 3377, 5524.

Celosia laxa Schumach. et Thonn. — Coll.: BER 5038; GOU 1291.

Celosia trigyna L. — Coll.: BER 3998, 4237, 4855; GOU 227; LYK 707; MAD 2148, 3843.

Cyathula pobeguinii Jacq. Fel. — Coll.: BER 1334, 5150; MAD 3674, 4332.

Cyathula prostrata (L.) Blume. — Coll.: BA 1233; BER 4081, 4341, 4830; MAD 3636, 3853.

Nothosaervia brachiata (Linn.) Wight. — Coll.: MAD 2611.

Pandiaka angustifolia (Vahl) Hepper. — Coll.: BER 3333, 3726, 3762, 3817; LYK 375, 431, 482; MAD 2020, 2257, 2736, 2758, 3360, 3369, 3677, 4069.

Pandiaka involucrata (Moq.) Hook. f. — Coll.: BER 5292; MAD 3190.

Philoxerus vermicularis (L.) P. Beauv. — Coll.: LYK 59; MAD 1049, 1321, 2656, 2710, 2767, 2846.

Pupalia lappacea (L.) Juss. — Coll.: BEK 34; BER 3538; LYK 602; MAD 1028, 2660, 4063, 4744; VAN 10074.

Anacardiaceae

Anacardium occidentale L. — Coll.: MAD 3071.

Heeria insignis (Del.) O. Ktze. — Coll.: GOU 271; SAM 472, 484.

Lannea acida A. Rich. — Coll.: BER 4936, 5076, 5077, 5166, 5232, 5233; GOU 321; MAD 1353, 1466, 1474, 1519, 1571, 1674, 3054, 3193, 3201; TRA 14.

Lannea afzelii Engl. — Coll.: BER 3862, 4015, 4762.

Lannea barteri (Oliv.) Engl. — Coll.: MAD 4074, 4517.

Lannea humilis (Oliv.) Engl. — Coll.: BER 3572, 5278.

Lannea microcarpa Engl. et K. Krause. — Coll.: BER 4017, 4018, 4059, 4796, 5033.

Annexe IV, suite. Espèces du Sénégal dans l'herbier "DAKAR".

Anacardiaceae

Lannea velutina A. Rich. — Coll.: BER 2971; GOU 49; LYK 102; MAD 1487, 1559, 1681, 3110; TRA 10.

Ozoroa insignis (Del.) R. et A. Fernandes. — Coll.: BER 3704, 4197, 4934; LYK 19; MAD 2739, 2764, 4516.

Pseudospondias microcarpa (A. Rich.) Engl. — Coll.: GOU 12, 283, 338; LYK 701, 879; MAD 1501, 3157.

Rhus incana Mill. — Coll.: BER 5045, 5248.

Sclerocarya birrea (A. Rich.) Hochst. — Coll.: BER 4020; GOU 16; LYK 79.

Sorindeia juglandifolia (A. Rich.) Planch. ex Oliv. — Coll.: BER 4669; GOU 1276, 1292, 14, 308, 32; MAD 1494, 1512, 1619.

Spondias mombin L. — Coll.: BER 3991, 4571; LYK 418, 654; MAD 1588; SAM 75.

Spondias purpurea L. — Coll.: BER 3916.

Annonaceae

Annona glabra L. — Coll.: BER 5122.

Annona glauca Schum. et Thonn. — Coll.: BER 5455.

Annona reticulata L. — Coll.: BER 4858.

Annona senegalensis Pers. — Coll.: BER 4271, 4816, 4927; GOU 64; LYK 8; MAD 1370, 1485, 3371.

Annona squamosa L. — Coll.: BER 4917.

Hexalobus monopetalus (A. Rich.) E. et Diels. — Coll.: BER 4070, 4123; GOU 10, 246, 47; LYK 446, 727; MAD 1461, 1594, 2131, 3326, 3983; SAM 12; TRA 2.

Uvaria chamae P. Beauv. — Coll.: BER 3652, 4547, 5339; GOU 266; MAD 1632.

Xylopia parvifolia (A. Rich.) Benth. — Coll.: BER 4295, 4304, 4824, 4825; MAD 2970.

Apiaceae

Centella asiatica (L.) Urban. — Coll.: BER 3666, 5051, 5085, 5124.

Hydrocotyle bonariensis Lam. — Coll.: BER 5052.

Peucedanum fraxinifolium Hiern. — Coll.: GOU 240.

Apocynaceae

Adenium obesum (Forsk.) Roem. et Schult. — Coll.: BER 4221.

Baissea multiflora A. DC. — Coll.: BER 4060, 4066; GOU 254, 286, 7; M AD 1133, 1165, 1360, 2895, 3102, 3134.

Carissa edulis Vahl. — Coll.: BER 5106.

Catharanthus roseus (L.) G. Don. — Coll.: MAD 3199.

Gymnema sylvestre (Retz.) Shultes. — Coll.: BER 3417, 5663.

Holarrhena floribunda (G. Don) Dur. et Schinz. — Coll.: BER 3370, 3696, 3900, 5218, 5332; MAD 1447, 3268, 4069.

Hunteria elliotii (Stapf) Pichon. — Coll.: BER 4079, 4121, 4124, 4292, 4801; MAD 1424.

Landolphia dulcis (R. Br.) Pichon. — Coll.: VAN 9920.

Landolphia heudelotii A. DC. — Coll.: BER 4658, 5091, 5256; MAD 1318, 1506, 1522.

Landolphia heudolotii A. DC. — Coll.: MAD 1600.

Oncinotis nitida Benth. — Coll.: BER 3358, 5180, 5391, 5406.

Saba senegalensis (A. DC.) Pichon. — Coll.: BER 4499, 5028, 5299, 549; LYK 21; MAD 1330; VAN 9955.

Strophanthus sarmentosus DC. — Coll.: BER 3654, 3655, 5127; MAD 1331, 1469, 1635, 3259; SAM 21.

Voacanga africana Stapf. — Coll.: LYK 165, 866.

Voacanga thouarsii Roem. et Schult. — Coll.: BER 3046, 4734.

Annexe IV, suite. Espèces du Sénégal dans l'herbier "DAKAR".

Aponogetonaceae
Aponogeton vallisnerioides Bak. — Coll.: MAD 3557.

Araceae
Amorphophallus aphyllus (Hook.) Hutch. — Coll.: BER 2996, 3338, 4919, 5029; LYK 90; MAD 3107, 4313, 4701.
Amorphophallus flavovirens N. E. Br. — Coll.: BER 3584.
Anchomanes difformis Engl. — Coll.: MAD 1719, 3641, 3641, 3891.
Anubias heterophylla Engler. — Coll.: MAD 1565.
Cercestis afzelii Schott. — Coll.: GOU 1288; MAD 3890.
Cyrtosperma senegalense (Schott) Engl. — Coll.: BER 3695.
Pistia stratiotes L. — Coll.: BER 3393.
Stylochiton hypogaeus Lepr. — Coll.: BEK 12; MAD 3404, 4172, 4230.
Stylochiton lancifolius Kotschy & Peyr. — Coll.: BER 3754; MAD 3222, 3258, 3265.

Arecaceae
Calamus deerratus Mann et Wendl. — Coll.: BER 5088.
Phoenix reclinata Jacq. — Coll.: MAD 3024, 3044.

Aristolochiaceae
Aristolochia albida Duch. — Coll.: BER 2951.
Aristolochia elegans Mast. — Coll.: BER 4873.

Asclepiadaceae
Calotropis procera (Ait.) Ait. — Coll.: BER 4974; LYK 23; MAD 3047, 4208.
Caralluma dalzielii N. E. Br. — Coll.: MAD 4229.
Caralluma decaisneana (Lam.) N. E. Br. — Coll.: MAD 3402, 3531.
Caralluma retrospiciens (Ehr.) N. E. Br. — Coll.: MAD 3186, 3562.
Ceropegia aristolochioides Decne. — Coll.: BER 3356.
Ceropegia rhynchantha Schltr. — Coll.: BER 859.
Cryptolepis sanguinolenta (Lindl.) Schltr. — Coll.: BER 3344, 3694, 5389, 5407, 5457, 5559.
Cryptostegia grandiflora R. Br. — Coll.: BER 4904; MAD 3547.
Ectadiopsis oblongifolia (Meisn.) Schltr. — Coll.: BER 3154.
Gomphocarpus fruticosum (L.) Ait. — Coll.: BER 1386.
Leptadenia hastata (Pers.) Decne. — Coll.: BER 3494; GOU 318; LYK 114; MAD 1029, 1435, 1437, 1552, 1578, 1704, 2802, 2847, 2870, 2923, 2935, 3393, 4052.
Leptadenia pyrotechnica (Forsk.) Decne. — Coll.: MAD 3529.
Oxystelma bornouense R. Br. — Coll.: BER 4507; MAD 1149, 1420, 2964, 3075.
Oxystelma bournouense R. Br. — Coll.: BER 4108.
Pachycarpus lineolatus (Decne.) Bullock. — Coll.: BER 1555.
Parquetina nigrescens (Afzel.) Bullock. — Coll.: GOU 1285, 236.
Pentatropis spiralis (Forsk.) Decne. — Coll.: BER 3418, 3448; MAD 2946.
Pergularia daemia Forsk. Chiov. — Coll.: LYK 610; MAD 2791, 3041, 4059.
Raphionacme brownii Sc. Elliot. — Coll.: BER 1170; MAD 4015.
Raphionacme daronii Berhaut. — Coll.: MAD 4014.
Secamone afzelii (Schultes) K. Schum. — Coll.: BER 3638, 5167, 5168, 5398.
Tacazzea apiculata Oliv. — Coll.: BER 4334, 4501, 5092; MAD 1123, 1444, 1577, 1702, 3007.
Telosma africanum (N. E. Br.) Colville. — Coll.: BER 3995.
Tylophora sylvatica Decne. — Coll.: BER 5110, 5214.

Asteraceae
Acanthospermum hispidum DC. — Coll.: BEK 48; BER 4847; LYK 110; MAD 1088.

Annexe IV, suite. Espèces du Sénégal dans l'herbier "DAKAR".

Asteraceae

Adenostemma caffrum DC. — Coll.: MAD 3883.

Adenostemma perrottetii DC. — Coll.: BER 5022; MAD 2624, 3868.

Aedesia glabra (Klatt) O. Hoffm. — Coll.: BER 1604.

Ageratum conyzoides L. — Coll.: BER 3994; GOU 1272; MAD 4035, 4060.

Ambrosia maritima L. — Coll.: BER 4253; MAD 1036.

Aspilia bussei O. Hoffm. & Muschl. — Coll.: LYK 512; MAD 2749, 3238, 3684, 3965.

Aspilia helianthoides (Schum. & Thonn.) Oliv. — Coll.: BER 3134, 3263, 3317, 3561, 3811, 5447; ERV 102; MAD 2021, 2173, 2199, 2421, 2453, 2647, 3291, 3330, 4321; VAN 10143.

Aspilia kotschyi (Sch. -Bip.) Oliv. — Coll.: BER 3574, 3671, 4778, 5464, 5471, 5540; LYK 508; MAD 2748; VAN 10178, 10180.

Aspilia paludosa Berhaut. — Coll.: MAD 2169; VAN 10179.

Bidens engleri O.E. Schult. — Coll.: MAD 2623, 3824, 3876.

Blainvillea gayana Cass. — Coll.: BEK 8; LYK 510; MAD 2139, 2607.

Blumea aurita (L. f.) DC. — Coll.: BER 5104, 5112, 5135, 5207, 5265, 5271, 5348, 5349, 5662.

Blumea laciniata (Roxb.) DC. — Coll.: MAD 3148.

Blumea mollis (D. Don.) Merrill. — Coll.: BER 4770, 4834, 5007; GOU 1279; MAD 2773, 3167.

Centaurea perrottetii DC. — Coll.: BER 3644, 4009; MAD 2685, 2849, 3433.

Ceruana pratensis Forsk. — Coll.: BER 4111, 4244.

Chrysanthellum americanum (L.) Vatke. — Coll.: BER 3023.

Conyza aegyptiaca (L.) Ait. — Coll.: BER 5297, 5654.

Coreopsis borianiana Sch. Bip. — Coll.: BER 3330, 3727; MAD 2099, 2314, 2430, 3346, 3731, 3752.

Dicoma sesseliflora Harv. — Coll.: BER 4540; LYK 670.

Eclipta prostrata (L.) L. — Coll.: BER 4246; MAD 1304, 2678, 2841, 3276, 4213; VAN 9586.

Elephantopus mollis Kunth. — Coll.: BER 4566, 4584.

Elephantopus senegalensis (Klatt) Oliv. et Hiern. — Coll.: BER 1589.

Eleutheranthera ruderalis (Sw.) Sch. Bip. — Coll.: MAD 2255, 2261, 2813, 3277, 3289.

Emilia sonchifolia (L.) DC. — Coll.: MAD 2680, 2852, 3045; VAN 9996.

Enydra fluctuans Lour. — Coll.: BER 5153.

Ethulia conyzoides L. f. — Coll.: BER 4259.

Gnaphalium indicum L. — Coll.: BER 3898, 4624.

Gnaphalium luteo-album Linn. — Coll.: MAD 1431.

Grangea maderaspatana Linn. Poir. — Coll.: BER 3368, 5084, 5269; MAD 3574.

Grangea perrottetii DC. — Coll.: MAD 1429.

Haumaniastrum caeruleum (Oliv.) Morton. — Coll.: BER 4413.

Herderia truncata Cass. — Coll.: BER 4368, 4621, 4706.

Lactuca intybacea Jacq. — Coll.: BER 3450, 3590.

Lactuca taraxacifolia (Willd.) Amin. — Coll.: BER 3604.

Launaea brunneri (Webb.) Amin ex Boulos. — Coll.: BER 5039, 5350, 5661.

Launaea intybacaea (Jacq.) P. Beauv. — Coll.: MAD 1303.

Launaea nudicaulis Hook. — Coll.: LYK 630; MAD 1325.

Launaea taraxacifolia (Willd.) Amin ex Jeffrey. — Coll.: MAD 2857, 4034.

Melanthera gambica Hutch. et Dalz. — Coll.: BER 3156, 5358, 5437.

Melanthera scandens (Sch. et Th.) Roberty. — Coll.: MAD 3312.

Mikania cordata (Burm. f.) B. L. Robinson. — Coll.: BER 5137, 5172.

Pleiotaxis chlorolepis Jeffrey. — Coll.: BER 4575, 4631; MAD 2629, 3667.

Pluchea perrottetiana DC. — Coll.: BER 1381, 4684.

Porphyrostemma chevalieri (O.Hoffm.) Hutch. et Dalz. — Coll.: BER 3374, 3743.

Pulicaria crispa (Forsk.) Oliv. — Coll.: MAD 1537.

Sclerocarpus africanus Jacq. ex Murr. — Coll.: BER 3415, 3954; MAD 1012, 2147, 3239, 3300, 3302.

Sonchus glaucescens Jard. — Coll.: BER 5040.

Annexe IV, suite. Espèces du Sénégal dans l'herbier "DAKAR".

Asteraceae
Sphaeranthus senegalensis DC. — Coll.: BER 4064, 4136, 4921; MAD 1406, 1526, 2929, 3985, 4077.
Struchium sparganophorus (L.) O. Ktze. — Coll.: BER 5164, 5198.
Synedrella nodiflora Gaertner. — Coll.: BER 3713, 4520; ERV 103; GOU 181; MAD 1171, 2150, 2220, 2426, 2804, 2969, 3635, 3947, 4526, 4633; VAN 10213.
Tridax procumbens L. — Coll.: BER 3409; MAD 1151, 2127, 2840, 2869.
Verbesina encelioides Benth. et Hook. — Coll.: BER 5642.
Vernonia ambigua Kotschy et Peyr. — Coll.: BER 4418.
Vernonia bambilorensis Berhaut. — Coll.: .
Vernonia cinerea (L.) Less. — Coll.: BER 3365, 3904.
Vernonia colorata (Willd.) Drake. — Coll.: BA 1231; BER 4587; GOU 1268; LYK 604; MAD 1310, 3040, 3129, 3154, 4088.
Vernonia kotschyana Sch. Bip. — Coll.: BER 3583.
Vernonia nigritiana Oliv. et Hiern. — Coll.: BER 4454, 5649; MAD 3646, 3708, 3791.
Vernonia pauciflora (Willd.) Less. — Coll.: BER 3366, 3506, 4222; LYK 826.
Vernonia perrottetii Sch. Bip. — Coll.: BER 3516, 3758, 4289, 4908.
Vernonia plumbaginifolia Fenzl. ex Oliv. et Hiern. — Coll.: MAD 1394, 3183.
Vernonia poskeana Vatke & Hildebrandt. — Coll.: BER 1553.
Vernonia purpurea Sch. Bip. — Coll.: BER 3129; MAD 3311.
Vicoa leptoclada (Webb) Dandy. — Coll.: BA 1243.

Azollaceae
Azolla africana Desv. — Coll.: MAD 2723, 4233.

Begoniaceae
Begonia rostrata Welw. ex Hook. f. — Coll.: BER 1209; MAD 3818.

Bignoniaceae
Kigelia africana (Lam.) Benth. — Coll.: BER 4543; GOU 323; LYK 884; MAD 1426, 1454, 3138, 4070.
Markhamia tomentosa (Benth.) K. Schum. ex Engl. — Coll.: GOU 1277, 264, 280, 66.
Newbouldia laevis (P. Beauv.) Seem. ex Bureau. — Coll.: BER 3895, 4992; LYK 840; MAD 1344, 4066; SAM 57.
Stereospermum kunthianum Cham. — Coll.: BER 4971, 4983, 5286; MAD 1456, 1462, 1477, 3095.
Tecoma stans Juss. — Coll.: BER 3922.

Bombacaceae
Adansonia digitata L. — Coll.: MAD 4738.
Bombax costatum Pellegr. & Vuillet. — Coll.: BER 4746; MAD 2920, 3018, 3081, 4562.
Ceiba pentandra (L.) Gaertn. — Coll.: BA 1200; BER 4287.
Ochroma lagopus Swartz. — Coll.: BER 3346.

Boraginaceae
Coldenia procumbens L. — Coll.: BER 4099; MAD 1430, 1541, 1698, 2488.
Cordia myxa L. — Coll.: BER 3891, 4207; MAD 1586, 3073, 4023, 4046.
Cordia senegalensis Juss. — Coll.: BER 5273.
Cordia sinensis Lam. — Coll.: TRA 45.
3407, 3527, 4148.
Heliotropium baclei DC. et A. *Heliotropium bacciferum* Forsk. — Coll.: BER 3406; MAD 1051, 2657, 2860, 2868, DC. — Coll.: BER 4084, 4369.
Heliotropium indicum L. — Coll.: BER 4110, 5294, 5302; MAD 1534, 4004; VAN 9986.
Heliotropium ovalifolium Forsk. — Coll.: BER 5235, 5238; MAD 1035, 2687, 2848, 3546, 3573.

Annexe IV, suite. Espèces du Sénégal dans l'herbier "DAKAR".

Boraginaceae

Heliotropium strigosum Willd. — Coll.: BER 3575, 5368; GOU 160; MAD 2015, 2185, 2262, 2642, 3316, 3358, 4411; VAN 9969.
Heliotropium subulatum (Hochst.) Vatke. — Coll.: MAD 4133.
Heliotropium supinum L. — Coll.: BER 5237, 5239.
Rotula aquatica Lour. — Coll.: BER 4088, 4107, 4261, 4493; MAD 1112, 1115, 2992, 3005, 4665.

Brassicaceae

Rorippa humifusa (Guill. et Perr.) Hiern. — Coll.: BER 4495; MAD 3176.

Bryophyte

Eristicha trifaria (Bary) Spreng. — Coll.: BER 868.

Burmanniaceae

Burmannia bicolor Mart. — Coll.: BER 4403, 4702; MAD 4688.
Burmannia latialata Hua ex Pobeg. — Coll.: BER 3071.

Burseraceae

Canarium schweinfurthii Engl. — Coll.: LYK 373.
Commiphora africana (A. Rich.) Engl. — Coll.: BER 3449, 5073.
Commiphora pedunculata (Kotschy et Peyr.) Engl. — Coll.: SAM 305, 469.

Caesalpiniaceae

Afzelia africana Sm. — Coll.: BER 3874, 4795; GOU 62; LYK 830; MAD 3112.
Anthonotha crassifolia (Baill.) J. Leonard. — Coll.: GOU 276, 294, 337.
Bauhinia monandra Kurz. — Coll.: BER 4875.
Bauhinia rufescens Lam. — Coll.: BER 3939; SAM 36, 41.
Burkea africana Hook. — Coll.: BER 4078; MAD 1563.
Caesalpinia bonduc (L.) Roxb. — Coll.: LYK 639; MAD 2789, 3043.
Caesalpinia pulcherrima (L.) Sw. — Coll.: BER 3924.
Cassia absus Linn. — Coll.: BER 3707, 3841; MAD 2829, 3334, 3723, 3919.
Cassia alata L. — Coll.: BER 5564; MAD 2896.
Cassia bicapsularis L. — Coll.: BER 3470.
Cassia italica (Mill.) Lam. — Coll.: MAD 3409, 3538.
Cassia jaegeri Keay. — Coll.: BER 3155, 3316, 4444, 5427, 5491; MAD 2628, 3309, 3692.
Cassia mimosoides L. — Coll.: BER 3327, 3740; MAD 1146, 2013, 2043, 2087, 2142, 2425, 2457, 2534, 2602, 2756, 2979, 3227, 3351, 3733, 3931; VAN 10171, 10232.
Cassia nigricans Vahl. — Coll.: BER 3441, 3839, 4106, 5505; MAD 2016, 2047, 2557, 2591, 3730, 4047.
Cassia occidentalis L. — Coll.: BER 3422, 3917; LYK 14; MAD 1071.
Cassia podocarpa G. et Perr. — Coll.: BER 3512; GOU 1275; LYK 696; MAD 1400, 3626.
Cassia siamea Lam. — Coll.: BER 4871; MAD 2652, 3090.
Cassia sieberiana DC. — Coll.: BER 4097, 4972, 5337, 5353; GOU 257; LYK 842; MAD 1369, 1414, 1514, 2897.
Cassia tora L. — Coll.: BEK 75; MAD 1022, 1078, 2122, 4547.
Cordyla pinnata (Lepr.) M.-Redh. — Coll.: BER 4945; MAD 3065.
Cynometra vogelii Hook. f. — Coll.: BER 3224, 4075, 4083, 4104, 4125, 4262.
Dalbergia adami Berhaut. — Coll.: MAD 1655.
Dalbergia ecastaphyllum (L.) Taub. — Coll.: BER 5128, 5262, 5620; LYK 597.
Dalbergia melanoxylon Guill. et Perr. — Coll.: BER 4266.
Dalbergia sissoo Roxb. ex DC. — Coll.: MAD 1580.
Detarium microcarpum G. et Perr. — Coll.: BER 3159, 3204; MAD 3987, 4584.

Annexe IV, suite. Espèces du Sénégal dans l'herbier "DAKAR".

Caesalpiniaceae
Detarium senegalense J.F. Gmel. — Coll.: BER 4448, 4968, 4982; MAD 3714, 4042.
Detarium senegalensis . — Coll.: LYK 379.
Dialium guineense Willd. — Coll.: BER 3878, 4128, 5341; GOU 278; LYK 572, 865; MAD 1457, 2763, 3020, 3158.
Erythrophleum africanum (Welw. ex Benth.) Harms. — Coll.: BER 4126, 4799, 4814.
Erythrophleum guineense G. Don. — Coll.: LYK 844.
Erythrophleum suaveolens (Guill. et Perr.) Brenan. — Coll.: BER 4986, 5013; SAM 55.
Hymenaea courbaril L. — Coll.: TRA 51.
Mezoneuron benthamianum Baill. — Coll.: MAD 3055.
Mezoneurum benthamianum Baill. — Coll.: BER 5204; LYK 135.
Parkinsonia aculeata L. — Coll.: MAD 2716.
Piliostigma reticulatum (DC.) Hochst. — Coll.: BEK 40; BER 3457, 4283; MAD 1070, 1093, 1147, 2937.
Piliostigma thonningii (Sch.) Miln.-Redh. — Coll.: BER 4278; GOU 282; MAD 2890, 3156, 4518.
Swartzia madagascariensis Desv. — Coll.: BER 4190.
Tamarindus indica L. — Coll.: BEK 13; BER 3969, 5280; MAD 1581, 1582, 2940.

Campanulaceae
Cephalostigma perrottetii A. DC. — Coll.: BER 4668.
Lobelia broulensis A. Chev. — Coll.: BER 4424.
Lobelia senegalensis A. DC. — Coll.: BER 3360, 3660, 5065; MAD 3321, 3653, 4345.

Capparidaceae
Boscia angustifolia A. Rich. — Coll.: BER 4206, 4466; MAD 1520, 1601, 1659, 1687, 4022.
Boscia salicifolia Oliv. — Coll.: BER 4451; GOU 291.
Boscia senegalensis (Pers.) Lam. — Coll.: BER 4199, 4208, 5129, 5336; GOU 279; MAD 1024, 3451, 3452, 3453, 3466.
Cadaba farinosa Forsk. — Coll.: BER 4947.
Capparis fascicularis DC. — Coll.: MAD 1120, 1412, 1436.
Capparis polymorpha G. et Perr. — Coll.: BER 5126, 5131, 5251.
Capparis sepiaria L. — Coll.: MAD 1166, 3060.
Capparis tomentosa Lam. — Coll.: BER 3405, 5119, 5132; MAD 1313, 1438, 4001; SAM 76.
Cleome gynandra L. — Coll.: MAD 3419, 3530, 4118.
Cleome monophylla L. — Coll.: BEK 101; BER 4776; LYK 814.
Cleome viscosa L. — Coll.: MAD 2012, 4156.
Crateva adansonii DC. — Coll.: MAD 1434, 1446, 1489, 3010, 3025, 3202; SAM 79.
Maerua angolensis DC. — Coll.: SAM 65.
Maerua oblongifolia (Forsk.) A. Rich. — Coll.: BER 3261, 5298.
Nitraria retusa (Forsk.) Asch. — Coll.: MAD 2694, 2720.
Ritchiea capparoides (Andr.) Britten. — Coll.: BER 5257; LYK 878.

Caryophyllaceae
Polycarpaea corymbosa (L.) Lam. — Coll.: BER 3332, 5533, 5538; MAD 2275.
Polycarpaea eriantha Hochst. ex A. rich. — Coll.: BER 4381.
Polycarpaea linearifolia (DC.) DC. — Coll.: BER 3514, 3670, 4864, 5558, 5619; MAD 2298, 2532, 3343, 3517, 3753; VAN 10064.
Polycarpaea pobeguini Berhaut. — Coll.: MAD 2093, 2317, 2497, 2539, 2886, 3336, 3734, 3957.
Polycarpaea tenuifolia (Willd.) DC. — Coll.: BER 4365, 4380; MAD 2145, 2492, 2594, 3354, 3618, 3710, 3968.
Polycarpon depressum (L.) Rohrb. — Coll.: BER 4093, 4315.

Annexe IV, suite. Espèces du Sénégal dans l'herbier "DAKAR".

Celastraceae
Loeseneriella africana (Willd.) R. Wilczek ex Hallé. — Coll.: BER 3412, 5031; LYK 566, 783; MAD 1528, 4038.
Maytenus senegalensis (Lam.) Exell. — Coll.: BA 1209, 1265; BER 3658, 5116; GOU 238, 8, 85, 87; MAD 1314, 1410, 1480, 1484, 2788, 3036, 3108, 3178, 3395; SAM 51.
Salacia senegalensis (Lam.) DC. — Coll.: BER 5312; MAD 1312, 3119, 4057.

Ceratophyllaceae
Ceratophyllum demersum L. — Coll.: BER 1689, 5574; LÆG 17370; MAD 3855.

Characeae
Chara aspera Willd. — Coll.: BER 3403, 422, 4757.
Chara fibrosa Ag. — Coll.: BER 4755.

Chenopodiaceae
Archrocnemum glaucum (Del.) Ungern - Styernb. — Coll.: LYK 801.
Arthrocneum indicum (Willd.) Moq. — Coll.: BER 3558, 5624; MAD 4045.
Chenopodium murale Linn. — Coll.: MAD 2662.
Salicornia senegalensis A. Chev. — Coll.: MAD 2702.
Salsola baryosma (Schult.) Dandy. — Coll.: MAD 1041, 2696, 2709, 3526.
Suaeda vermiculata Forsk. — Coll.: BER 3585, 3899, 5623; MAD 2700, 2719, 2871.

Chrysobalanaceae
Chrysobalanus orbicularis Schumach. — Coll.: BER 5247; LYK 643; MAD 1327, 2866, 3233, 3972, 4048.
Neocarya macrophylla (Sabine) Prance. — Coll.: BER 4000; LYK 100, 867; MAD 1038, 1536, 3042, 3068, 4017, 4071; SAM 48; TRA 33.
Parinari excelsa Sabine. — Coll.: BER 3511, 3882, 5660; GOU 262, 340; LYK 142, 377; MAD 1346, 1355, 3093, 3101; TRA 21.
Parinari tenuifolia A. Chev. — Coll.: MAD 4082.

Clusiaceae
Garcinia livingstonii T. Anderss. — Coll.: BA 1230; BER 4297, 4302, 4503; MAD 1443, 1699, 2912, 3011, 3163, 3164.
Garcinia ovalifolia Oliv. — Coll.: BER 4604, 4645, 4654; MAD 1493, 1496, 1618, 1626, 4029.

Cochlospermaceae
Cochlospermum planchonii Hook. f. — Coll.: BER 4470, 5626, 791.
Cochlospermum tinctorium A. Rich. — Coll.: BER 2961, 3288, 4186; MAD 1161, 1488, 2025, 2531, 2553, 2906, 3978.

Combretaceae
Anogeissus leiocarpus (DC.) G. et Perr. — Coll.: BER 4073, 4281; GOU 265; MAD 2581, 2930, 2938; SAM 32; TRA 50.
Combretum aculeatum Vent. — Coll.: BER 4928, 4948; LYK 62; MAD 3509; SAM 77.
Combretum collinum Fresen. — Coll.: BER 4279; MAD 1668, 2892, 3610, 3989; TRA 12.
Combretum etessei Aubr. — Coll.: BER 4479, 5630.
Combretum glutinosum Perr. ex DC. — Coll.: BER 4019, 4572, 4932, 4940, 4944, 4949; LYK 103; MAD 1098, 1508, 1551, 3982, 4637.
Combretum hispidun Laws. — Coll.: MAD 3058.
Combretum lecardii Engl. & Diels. — Coll.: BER 4280, 4946, 4959, 4988, 4989; GOU 336; LYK 125, 126, 150, 160; MAD 1169, 3026, 3089, 3140, 3185.

Annexe IV, suite. Espèces du Sénégal dans l'herbier "DAKAR".

Combretaceae
Combretum leucardii Engl. et Diels. — Coll.: TRA 13.
Combretum micranthum G. Don. — Coll.: BER 3118, 3458, 3730, 4198, 5240, 5241, 5282; MAD 1002, 1654, 1677.
Combretum micrantum G. Don. — Coll.: BEK 22; LYK 41, 573, 63.
Combretum molle R. Br. — Coll.: MAD 3979.
Combretum mucronatum Schumach. — Coll.: BER 1074, 4022, 4990, 5005, 5012.
Combretum nigricans Lepr. ex Guill. et Perr. — Coll.: BER 3212, 4187, 4819, 4933; LYK 112, 31, 43, 845, 847; MAD 1162, 1167, 1467, 1509, 4735.
Combretum niorense Aubr. — Coll.: MAD 1472; SAM 393.
Combretum paniculatum Vent. — Coll.: BER 4987, 5086, 5293; LYK 71, 723, 835, 852; MAD 1343, 3155, 4002, 4031.
Combretum tomentosum G. Don. — Coll.: BER 4377, 4628; MAD 1342, 1395, 1458, 1459, 1475, 1633, 3097, 3103, 3121, 3994.
Combretum tormentosum G. Don. — Coll.: LYK 776, 78, 877.
Combretum velutinum DC. — Coll.: BER 2966, 4185, 4494.
Conocarpus erectus L. — Coll.: BER 4025, 5382, 5621; LYK 580; MAD 2795, 3245, 4063.
Guiera senegalensis J.F. Gmel. — Coll.: BER 3967, 4137, 4299, 4379, 4906, 4955; MAD 1090, 1139, 2455, 2928.
Laguncularia racemosa Gaertn. f. — Coll.: BER 3892, 5656; LYK 108; MAD 2796; SON 183.
Quisqualis indica L. — Coll.: BER 3355.
Terminalia avicennioides Guill. et Perr. — Coll.: BER 2972; MAD 1356, 1374; SAM 63.
Terminalia avicennoides G. et Perr. — Coll.: BER 4930; LYK 9.
Terminalia laxiflora Engl. — Coll.: BER 4484; MAD 1680.
Terminalia macroptera Guill. et Perr. — Coll.: LYK 2; MAD 1556, 3063.

Commelinaceae
Aneilema paludosum A. Chev. — Coll.: BER 947.
Aneilema umbrosum (Vahl) Kunth. — Coll.: LYK 261.
Commelina aspera Benth. — Coll.: BER 2994, 3651.
Commelina benghalensis L. — Coll.: BEK 115.
Commelina bracteosa Hassk. — Coll.: LYK 116.
Commelina congesta C. B. Cl. — Coll.: BER 5392.
Commelina diffusa Burm. f. — Coll.: BER 3126, 5074; MAD 2516.
Commelina erecta L. — Coll.: MAD 2227.
Commelina forskalaei Vahl. — Coll.: BER 3510, 4039.
Commelina livingstonii C. B. Clarke. — Coll.: BER 2970, 3001, 3016, 3442, 3486, 3531, 3608, 3609, 5291, 5319, 5354, 5442.
Commelina nigritana Benth. — Coll.: BER 3755, 4437, 5553.
Commelina subulata Roth. — Coll.: BER 3753.
Cyanotis lanata Benth. — Coll.: BER 3007, 3326; MAD 2031, 2140, 3668.
Cyanotis longifolia Benth. — Coll.: BER 3119.
Floscopa africana (P. Beauv.) C.B. Cl. — Coll.: BER 4581, 4716; MAD 1392.
Floscopa aquatica Hua. — Coll.: BER 4694.
Floscopa confusa Breman. — Coll.: MAD 3637.
Floscopa glomerata (Willd. ex J.A. et J.H. Schult.) Hassk. — Coll.: BER 4539, 4623, 4727.
Murdania simplex (Vahl) Brenan. — Coll.: BER 1474.

Connaraceae
Cnestis ferruginea DC. — Coll.: MAD 4068; VAN 10183.
Santaloides afzelii (R. Br. ex Planch.) Schellenb. — Coll.: MAD 1612.

Annexe IV, suite. Espèces du Sénégal dans l'herbier "DAKAR".

Convolvulaceae

Aniseia martinicensis (Jacq.) Choisy. — Coll.: BER 3665, 3908, 4366; MAD 1159.

Convolvulus prostatus Forsk. — Coll.: BER 3591.

Cressa cretica L. — Coll.: BER 4899; MAD 2714, 4076.

Cuscuta australis R.Br. — Coll.: MAD 3572.

Evolvulus alsinoides (L.) L. — Coll.: BER 3428, 4065, 4348, 4911.

Hewittia sublobata (L. f.) O. Ktze. — Coll.: BER 5011, 5149; MAD 2500.

Ipomaea eriocarpa R. Br. — Coll.: LYK 548.

Ipomaea mauritiana Jacq. — Coll.: LYK 671.

Ipomaea pileata Roxb. — Coll.: LYK 540.

Ipomaea vagans Bak. — Coll.: LYK 524.

Ipomoea acanthocarpa (Choisy) Asch. et Schweinf. — Coll.: LYK 622; MAD 1121, 2786, 3782.

Ipomoea aquatica Forsk. — Coll.: BER 3559; MAD 1160, 2078, 2226, 2477, 2490, 2722.

Ipomoea arborescens (Humb. et Bonpl.) D. Don. — Coll.: MAD 2733.

Ipomoea argentaurata Hall. f. — Coll.: BER 3452; MAD 2485, 2735, 2803, 3713.

Ipomoea asarifolia (Desr.) R. & Sch. — Coll.: BER 5264; LYK 513; MAD 2844, 2865, 2883, 3458.

Ipomoea barteri Bak. — Coll.: BER 3210; MAD 3755.

Ipomoea blepharophylla Hallier f. — Coll.: MAD 3703.

Ipomoea brasiliensis (L.) Sweet. — Coll.: MAD 4036.

Ipomoea cairica L. Sw. — Coll.: BER 5103; LYK 648; MAD 1308.

Ipomoea coptica (Linn.) Roth. ex Roem. et Shult. — Coll.: BER 3835; MAD 1047, 2670, 3380, 3446, 3553, 3572.

Ipomoea coscinosperma Hochst. ex Choisy. — Coll.: BER 3474, 3565, 3808; MAD 1046.

Ipomoea dichroa Choisy DC. — Coll.: BEK 114; BER 3615, 3853.

Ipomoea eriocarpa R. Br. — Coll.: BER 3564, 3809, 4245, 4517; MAD 2445, 2527, 2564, 2734, 2806, 2972, 2982, 3695, 3781, 3904, 3905.

Ipomoea hederifolia L. — Coll.: MAD 2971.

Ipomoea heterotricha F. Didr. — Coll.: BER 3832, 4474; MAD 3697, 3906.

Ipomoea involucrata P. Beauv. — Coll.: BER 4005, 5140, 5199, 5404, 5597; MAD 3124, 3773.

Ipomoea kotschyana Hoscht. — Coll.: BER 3656, 5606; MAD 3539.

Ipomoea mauritiana Jacq. — Coll.: BER 3238; MAD 3255, 3424, 3439.

Ipomoea muricata (L.) Jacq. — Coll.: BER 4027.

Ipomoea nil (L.) Roth. — Coll.: BER 3381, 3896; MAD 1010.

Ipomoea ochracea (Lindl.) G. Don. — Coll.: BER 4719, 4912; MAD 3910.

Ipomoea pes-caprae (Linn.) Sweet. — Coll.: LYK 592; MAD 2782.

Ipomoea pes-tigridis L. — Coll.: BEK 112.

Ipomoea pes-trigridis L. — Coll.: BER 3716; MAD 3427.

Ipomoea pileata Roxb. — Coll.: BER 3475, 3820; MAD 2272.

Ipomoea separia Roxb. — Coll.: MAD 3699.

Ipomoea sepiaria Roxb. — Coll.: BER 3114, 3240, 5498; MAD 2128.

Ipomoea stolonifera (Cyrill.) Gmel. — Coll.: BER 3581; LYK 588; MAD 2669.

Ipomoea triloba L. — Coll.: BER 834; MAD 2732.

Ipomoea vagans Bak. — Coll.: BER 3767.

Ipomoea velutipes Welw. ex Rendle. — Coll.: BER 1526.

Jacquemontia tamnifolia (L.) Griseb. — Coll.: BER 3471, 3636, 4887; LYK 304; MAD 3426, 3450.

Merremia aegyptiaca (L.) Urban. — Coll.: BER 5476; MAD 2295, 2417, 2787, 3915; VAN 10078.

Merremia hederacea (Burm. f.) Hallier f. — Coll.: BER 4102, 4212; MAD 1158, 1178, 1433, 2967, 3015.

Merremia kentrocaulos (C.B. Cl.) Rendle. — Coll.: BER 4035; MAD 3779, 3849, 3930.

Merremia pinnata (Hochst. ex Choisy) Hallier f. — Coll.: BER 3732; LYK 577; MAD 2143, 2322, 2544, 2774, 2830, 3922, 4570; SAM 463.

Merremia pterygocaulos (Steud. ex Choisy) Hallier f. — Coll.: BER 4395, 4733; MAD 4058.

Annexe IV, suite. Espèces du Sénégal dans l'herbier "DAKAR".

Convolvulaceae
Merremia tridentata (L.) Hallier f. — Coll.: BER 4979, 5461; MAD 1354, 2750, 2816, 3381.

Crassulaceae
Bryophyllum pinnatum (Lam.) Oken. — Coll.: MAD 3200.

Cucurbitaceae
Adenopus breviflorus Benth. — Coll.: MAD 1557.
Cayaponia africana (Hook. f.) Exell. — Coll.: LYK 820, 885; MAD 2690, 2942.
Citrullus colocynthis (L.) Schrad. — Coll.: MAD 3031.
Coccinea grandis (L.) J. D. Voigt. — Coll.: BER 3380.
Coccinia grandis (L.) J.C. Voigt. — Coll.: BEK 42; BER 5543.
Corallocarpus epigaeus (Rottb.) C. B. Cl. — Coll.: BER 5384, 5385; MAD 3447.
Ctenolepis cerasiformis (Stocks) Hook. f. — Coll.: BEK 66; BER 3723, 3990; MAD 1076, 3283.
Cucumis melo L. — Coll.: BEK 21; BER 4853, 4922; LYK 596; MAD 2781, 3293, 3440.
Cucumis metuliferus Naud. — Coll.: BER 5534, 5539; MAD 3216.
Cucumis prophetarum L. — Coll.: BER 5604, 5609, 5610, 5611.
Kedrostis foetidissima (Jacq.) Cogn. — Coll.: MAD 3364.
Kedrostis hirtella (Noud.) Cogn. — Coll.: BER 4771, 5386.
Lagenaria breviflora (Benth.) Roberty. — Coll.: .
Luffa cylindrica (L.) M. J. Roem. — Coll.: BER 4336; MAD 1107, 1432, 2157, 2510, 2876, 4524.
Momordica balsamina L. — Coll.: BER 4008.
Momordica charantia L. — Coll.: BER 5387; LYK 351, 606; MAD 1306, 3275, 3512, 4061.
Mukia maderaspatana (L.) M. J. Roem. — Coll.: BER 3209, 5504; LYK 628; MAD 1054, 1077, 2036,
    2138, 2196, 2212, 2737, 2797, 2809, 3349, 3394, 3762, 3804.
Trochomeria macrocarpa (Sond.) Hook. f. — Coll.: BER 2964, 3174.
Zehneria hallii Jeffrey. — Coll.: BER 4772.
Zehneria thwaitesii (Schweinf.) Jeffrey. — Coll.: BER 3948, 4048; LYK 366; MAD 2219, 2237,
    2273, 2420, 2613, 3274, 3774.
Zehnneria thwaitesii (Schweinf.) Jeffrey. — Coll.: MAD 4595.

Cyperaceae
Ascolepis brasiliensis C. B. Cl. — Coll.: BER 4735.
Ascolepis protea Welw. — Coll.: BER 3070, 3268.
Bolboschoenus maritimus (L.) Palla. — Coll.: LÆG 17020, 17032; MAD 2704, 2727, 3496, 3559,
    4106, 4194; RAY 5991.
Bolboschoenus martimus (L.) Palla. — Coll.: MAD 4249.
Bulbostylis abortiva (Steudel) C. B. Clarke. — Coll.: BER 3184; LÆG 17165; MAD 2049, 2065,
    3621.
Bulbostylis barbata (Rottbøll) C. B. Clarke. — Coll.: BER 3627, 4051; LÆG 17364; LYK 47.
Bulbostylis cioniana (Savi) Lye. — Coll.: MAD 1127, 1415, 1539, 3080, 3187, 3188.
Bulbostylis coleotricha (Hochstetter ex A. Richard) C. B. Clarke. — Coll.: BER 3006, 3186, 3306,
    4446; LÆG 17248; MAD 2048, 2265, 2588, 3716; RAY 7566.
Bulbostylis hispidula (Vahl) R. Haines. — Coll.: LÆG 16828, 16940, 17127, 17366, 17421; VAN
    10061.
Bulbostylis pusilla (Hochstetter ex A. Richard) C. B. Clarke. — Coll.: BER 3178, 3285; LÆG
    17192.
Cyperus amabilis Vahl. — Coll.: BER 3520, 3796, 5549; LÆG 16945, 17365; LYK 400; MAD 2051.
Cyperus articulatus L. — Coll.: BER 3544; LÆG 16971; LYK 677; MAD 3575, 4189.
Cyperus bulbosus Vahl. — Coll.: BER 3376; LÆG 17011, 17024, 17093, 17420; LYK 808; MAD
    3414, 3475, 3532, 4150, 4246, 4247; THO 7309.
Cyperus compressus L. — Coll.: RAY 5767; VAN 10062.

Annexe IV, suite. Espèces du Sénégal dans l'herbier "DAKAR".

Cyperaceae

Cyperus conglomeratus Rottbøll. — Coll.: BER 5060, 5362; LÆG 17007, 17099, 17121, 17123; MAD 2655, 2862, 3534; RAY 6016.

Cyperus crassipes Vahl. — Coll.: LÆG 17129; LYK 586, 863; MAD 1323, 2684, 2851; RAY 5801; TRA 25.

Cyperus cuspidatus H. B. K. — Coll.: BER 4780, 5590.

Cyperus cyperoides (L.) O. Kuntze. — Coll.: LÆG 16903, 16938, 17156; LYK 5; MAD 3647, 3809.

Cyperus difformis L. — Coll.: BER 3309, 4402, 5048, 5518; LÆG 17035, 17045, 17391; MAD 2050, 2189, 2303, 2563.

Cyperus digitatus Roxburgh. — Coll.: BER 3603; LÆG 16975; MAD 2724, 3479, 4153.

Cyperus distans L. f. — Coll.: BER 3611, 3989, 5148, 5296; LÆG 16847.

Cyperus dives Delile. — Coll.: BER 5100, 5217; LÆG 17041; MAD 3576, 4190, 4228; RAY 5858.

Cyperus esculentus L. — Coll.: BER 5276, 5547; LÆG 17109, 17392; LYK 15, 780; MAD 4179, 4238; RAY 5715.

Cyperus haspan L. — Coll.: BER 4356, 4538, 4995, 5138, 5151, 5163; LÆG 16933; MAD 3830.

Cyperus incompressus C. B. Cl. — Coll.: BER 3932.

Cyperus iria L. — Coll.: LÆG 17042; MAD 2312, 3476, 3555, 4111, 4174.

Cyperus laevigatus L. — Coll.: BER 5071; LÆG 17115; MAD 2873.

Cyperus ligularis L. — Coll.: LÆG 16882.

Cyperus margaritaceus Vahl. — Coll.: LÆG 16946.

Cyperus pectinatus Vahl. — Coll.: BER 5178, 5182; RAY 5873.

Cyperus podocarpus Böckeler. — Coll.: BER 3038, 3183; LÆG 17185, 17221.

Cyperus procerus Rottbøll. — Coll.: LÆG 16879.

Cyperus pulchellus R. Brown. — Coll.: BER 3182, 3270, 5377; LÆG 17374.

Cyperus pustulatus Vahl. — Coll.: BER 3012, 3275; LÆG 16886, 16934, 17184, 17418; MAD 4278, 4457.

Cyperus reduncus Hochst. ex Böck. — Coll.: BER 4434.

Cyperus rotundus L. — Coll.: BER 5411, 5536.

Cyperus schweinfurthianus Böckeler. — Coll.: LÆG 16921.

Cyperus sphacelatus Rottb. — Coll.: RAY 6060.

Cyperus squarrosus L. — Coll.: LÆG 16821, 17375, 17419; MAD 3616.

Cyperus submicrolepis Kükenthal. — Coll.: BER 3036, 3286; LÆG 17222; MAD 3578.

Cyperus tenuiculmis Böckeler. — Coll.: LÆG 16842, 16883, 16953, 17149; LYK 234.

Cyperus tenuispica Steudel. — Coll.: BER 3772, 3870, 4619, 5446; GOU 1269.

Cyperus zollingeri Steud. — Coll.: RAY 6024.

Diplacrum africanum C. B. Cl. — Coll.: BER 4725.

Eleocharis acutangula (Roxb.) Schutes. — Coll.: BER 3979.

Eleocharis atropurpurea (Retzius) C. Presl. — Coll.: LÆG 17403.

Eleocharis dulcis (Burm. f.) Henschel. — Coll.: MAD 2481.

Eleocharis geniculata (L.) Roemer & Schultes. — Coll.: BER 3770; LÆG 16890, 17114; MAD 2842; RAY 6039; THO 7231.

Eleocharis mutata (L.) Roemer & Schultes. — Coll.: BER 3794, 3978; LÆG 16891.

Eleocharis setifolia (A. Rich.) J. Raynal. — Coll.: BER 1538.

Fimbristylis alboviridis C. B. Clarke. — Coll.: LÆG 17417.

Fimbristylis cymosa R. Brown. — Coll.: LÆG 17113; LYK 601.

Fimbristylis dichotoma (L.) Vahl. — Coll.: VAN 10235.

Fimbristylis ferruginea (L.) Vahl. — Coll.: LÆG 16880, 17112; LYK 634; MAD 2843.

Fimbristylis littoralis Gaud. — Coll.: MAD 2188, 2304, 3807.

Fimbristylis pilosa Vahl. — Coll.: LÆG 16884, 16941; MAD 4231.

Fimbristylis schoenoides (Retzius) Vahl. — Coll.: LÆG 16959; MAD 2327; VAN 10172, 10189.

Fuirena ciliaris (L.) Roxburgh. — Coll.: BER 3792, 5475; LÆG 17389.

Fuirena stricta Steud. — Coll.: BER 4388, 4724.

Annexe IV, suite. Espèces du Sénégal dans l'herbier "DAKAR".

Cyperaceae

Fuirena umbellata Rottb. — Coll.: BER 4358, 4407, 4613, 4836, 5014; LÆG 16876, 16935; MAD 3125.

Kyllinga debilis C. B. Clarke. — Coll.: BER 3181; LÆG 17194; MAD 2081, 2524, 3617.

Kyllinga erecta Schumach. — Coll.: BER 5147, 5664.

Kyllinga microcephala (Steudel) Haynes. — Coll.: BER 4764.

Kyllinga odorata Vahl. — Coll.: LÆG 17163; LYK 95.

Kyllinga peruviana Lam. — Coll.: RAY 6046.

Kyllinga pumila Mich. — Coll.: BER 3074, 5161.

Kyllinga squamulata Vahl. — Coll.: BER 3311, 3903.

Kyllinga tenuifolia Steudel. — Coll.: BER 3292, 5366, 5375, 5418; LÆG 16916.

Kyllingiella microcephala (Steud.) Haynes. — Coll.: BER 5378.

Lipocarpha chinensis (Osbeck) Kern. — Coll.: BER 3057, 4404.

Lipocarpha filiformis (Vahl) Kunth. — Coll.: LÆG 17216; MAD 2324, 4279.

Lipocarpha prieuriana Steud. — Coll.: BER 3805, 3823.

Lipocarpha sphacelata (Vahl) Kunth. — Coll.: BER 3066.

Mariscus alternifolius Vahl. — Coll.: LYK 439, 811.

Mariscus cylindristachyus Steudel. — Coll.: BER 3631.

Mariscus hamulosus (M. Bieb.) Hooper. — Coll.: RAY 6430.

Mariscus ligularis (L.) Hutch. — Coll.: BER 3547, 5145.

Mariscus soyauxii (Böck.) C. B. Cl. — Coll.: BER 5453.

Mariscus squarrosus (L.) C. B. Cl. — Coll.: BER 3310, 3848, 5506.

Nemum spadiceum (Lam.) Desv. ex Hamilt. — Coll.: BER 1373, 4679, 5641; MAD 4648.

Oxycaryum cubense (Poeppig et Kunth) Lye. — Coll.: MAD 2999.

Pycreus capillifolius (A. Richard) C. B. Clarke. — Coll.: LÆG 17193.

Pycreus intactus (Vahl) J. Raynal. — Coll.: BER 3542; LÆG 17416.

Pycreus lanceolatus (Poir.) C. B. Cl. — Coll.: BER 3054, 3313.

Pycreus macrostachyos (Lamarck) J. Raynal. — Coll.: BER 3028, 3554, 5557; LÆG 16849, 16958; MAD 2301, 2728, 3577; RAY 6091.

Pycreus mundtii Nees. — Coll.: BER 5042, 5175; RAY 5715, 5893.

Pycreus polystachyos (Rottbøll) P. Beauvois. — Coll.: BER 3541, 5139; LÆG 17116.

Pycreus pumilis (L.) Nees. — Coll.: BER 3771, 5454.

Pycreus testui Chemn. — Coll.: BER 5181, 661; RAY 5892.

Rhynchospora candida (Nees) Böck. — Coll.: BER 1479.

Rhynchospora corymbosa (L.) N. L. Britton. — Coll.: BER 5047, 5162.

Rhynchospora eximia (Nees) Boeck. — Coll.: BER 4704.

Rhynchospora gracillima Thw. — Coll.: BER 4740.

Rhynchospora holoschoenoides (L. C. Rich.) Herter. — Coll.: RAY 6086.

Rhynchospora rubra (Lour.) Makiro. — Coll.: VAN 10174.

Rikliella kernii (Raymond) J. Raynal. — Coll.: BER 4692; MAD 3801.

Schoenoplectus erectus (Poiret) Palla ex J. Raynal. — Coll.: RAY 6033.

Schoenoplectus junceus (Willd.) J. Raynal. — Coll.: LÆG 17039.

Schoenoplectus littoralis (Schrader) Palla. — Coll.: MAD 2705, 3581.

Schoenoplectus senegalensis (Hochstetter ex Steudel) Palla ex J. Raynal. — Coll.: BER 3180, 5465; LÆG 17220; MAD 2186, 3657, 4175, 4425.

Schoenoplectus subulatus (Vahl) Lye. — Coll.: RAY 6067; THO 7232.

Scleria achtenii De Wilde. — Coll.: BER 1736.

Scleria depressa (C. B. Clarke) Nelmes. — Coll.: BA 1253; MAD 3127.

Scleria foliosa A. Rich. — Coll.: BER 5474, 5595; RAY 6621.

Scleria globonux C. B. Cl. — Coll.: BER 4695.

Scleria interrupta L. C. Rich. — Coll.: BER 3194, 3290; MAD 2598, 4331.

Scleria naumanniana Böckeler. — Coll.: BER 5456; LÆG 16894; RAY 5853.

Annexe IV, suite. Espèces du Sénégal dans l'herbier "DAKAR".

Cyperaceae
Scleria parvula Steudel. — Coll.: LÆG 16932.
Scleria racemosa Poir. — Coll.: MAD 3854.
Scleria tessellata Willd. — Coll.: BER 3269, 3786; MAD 2332; VAN 10162.
Scleria tricholepis Nelmes. — Coll.: BER 4640, 4726.
Torulinium odoratum (L.) Hooper. — Coll.: RAY 5970.

Dilleniaceae
Tetracera alnifolia Willd. — Coll.: BER 3684, 5203, 5230, 5551; GOU 1284, 295; MAD 1317.

Dioscoreaceae
Dioscorea bulbifera L. — Coll.: LYK 378; MAD 2249.
Dioscorea dumetorum (Kunth) Pax. — Coll.: MAD 3893, 3895.
Dioscorea hirtiflora Benth. — Coll.: LYK 163; MAD 3820.
Dioscorea lecardii De Wildd. — Coll.: BA 1206; MAD 1103, 2216, 3368, 3707, 3760.
Dioscorea preussi Pax. — Coll.: MAD 3270.
Dioscorea sagittifolia Pax. — Coll.: MAD 2216.

Droseraceae
Drosera indica L. — Coll.: BER 4405, 4674, 4790; MAD 4339, 4716.

Ebenaceae
Diospyros elliotii (Hiern.) F. White. — Coll.: BA 1236; BER 3246, 4122, 4310, 4318, 4320, 4333, 4505; MAD 1380, 1450, 1613.
Diospyros ferrea (Willd.) Bakh. — Coll.: BER 5570; MAD 1490, 1498, 4028.
Diospyros heudolotii Hiern. — Coll.: MAD 1532.
Diospyros mespiliformis Hochst. ex A. DC. — Coll.: BER 3945, 4929, 4956, 5295; GOU 281; LYK 838; MAD 1027, 1180, 1471, 1478, 1492, 1497, 1499, 1524, 1546, 1593, 1636, 3104, 3172, 3192, 3997; SAM 72.

Elatinaceae
Bergia capensis L. — Coll.: BER 3273.
Bergia suffruticosa (Del.) Fenzl. — Coll.: BER 4257, 4258, 4264; MAD 4180.

Eriocaulaceae
Eriocaulon afzelianum Wikstr. ex Koern. — Coll.: BER 4389.
Eriocaulon bongense Engl. et Ruhl. ex Ruhl. — Coll.: BER 1686.
Eriocaulon buchamani Ruhl. — Coll.: BER 4401, 4693, 4720.
Eriocaulon fulvum N. E. Br. — Coll.: BER 4428, 4675.
Eriocaulon plumale N.E. Br. — Coll.: BER 3266; MAD 3660.

Euphorbiaceae
Acalypha ciliata Forsk. — Coll.: BEK 32; BER 3505; LYK 520, 91; MAD 1060, 2038, 2209, 3365, 3834, 3916.
Acalypha segetalis Müll. — Coll.: BER 3434, 3614, 3875, 5443.
Acalypha senensis Kotzsch. — Coll.: BER 4529, 4595, 4597; GOU 209, 98; MAD 3720, 3909, 4013.
Alchornea cordifolia (Schum. & Thonn.) Müll. Arg. — Coll.: BER 5123; GOU 1280, 1290, 287, 3, 342; LYK 372; MAD 1422, 2469.
Anthostema senegalense A. Juss. — Coll.: LYK 697, 869; MAD 1338, 3056, 3829, 4619.
Antidesma venosum Tul. — Coll.: BER 5197, 5249.
Breynia nivosa (W. G. Sm.) Small. — Coll.: BER 4857.

Annexe IV, suite. Espèces du Sénégal dans l'herbier "DAKAR".

Euphorbiaceae

Bridelia micrantha (Hochst.) Baill. — Coll.: BER 4452, 4965, 5098, 5275; GOU 331; LYK 369; MAD 1363, 1592, 1595, 1606, 3159.

Caperonia serrata Presl. — Coll.: BA 1252; BER 3579, 3906; MAD 1142, 1376, 2195, 2208, 3849, 4261, 4580.

Chrozophora brocchiana Vis. — Coll.: BER 4254; LYK 781; VAN 10006.

Chrozophora plicata (Vahl) Jussieu ex Spreng. — Coll.: BER 4251.

Chrozophora senegalense (Lam.) A. Juss. ex Spreng. — Coll.: BER 3643, 4228, 4891; MAD 3554, 4080, 4094.

Croton lobatus L. — Coll.: LYK 445, 693; TRA 44.

Croton perottetii DC. — Coll.: BER 4850.

Croton scarciesii Sc. Ell. — Coll.: BER 3008, 4105, 4298, 4512.

Dalechampia scandens L. — Coll.: BER 3396; TRA 47.

Erythrococca africana (Baill.) Prain. — Coll.: BER 5133, 5314, 5472; LYK 148, 751.

Euphorbia convolvuloides Hochst. ex Benth. — Coll.: BER 3146; LYK 491; MAD 2042, 2599.

Euphorbia forskalii J. Gay. — Coll.: BER 3426, 4256, 4851; MAD 3974, 4055.

Euphorbia glaucophylla Poir. — Coll.: LYK 641, 692; MAD 2855, 3038.

Euphorbia glomifera (Millsp.) Wheeler. — Coll.: BER 3410, 5223.

Euphorbia heterophylla L. — Coll.: VAN 9994.

Euphorbia hirta L. — Coll.: BEK 47; BER 3482, 4238, 5187; GOU 182; LYK 640; MAD 1087, 2002.

Euphorbia hyssopifolia L. — Coll.: MAD 1085.

Euphorbia macrophylla Pax. — Coll.: BER 2954, 3267.

Euphorbia polycnemoides Hochst. ex Boiss. — Coll.: BER 1393; MAD 3686.

Euphorbia prostrata Ait. — Coll.: BER 4876; MAD 1128, 1543.

Euphorbia scordifolia Jacq. — Coll.: MAD 3434.

Euphorbia sudanica A. Chev. — Coll.: BER 4270; MAD 1999, 2956, 3203.

Euphorbia thymifolia Linn. — Coll.: MAD 3405.

Hymenocardia acida Tul. — Coll.: BER 3103, 4133, 4194; GOU 53; LYK 115, 854; MAD 1117, 1357, 1656, 2124, 2211, 3611, 4417, 4556; TRA 9.

Hymenocardia heudelotii Müll. — Coll.: BER 4502, 4592.

Jatropha chevalieri Beille. — Coll.: BER 3431; MAD 3503.

Jatropha curcas L. — Coll.: LYK 20.

Jatropha kamerunica Pax et K. Hoffm. — Coll.: BER 3170, 3265.

Macaranga heudelotii Baill. — Coll.: BER 5190, 5200.

Mallotus oppositifolius (Gers.) Müll. Arg. — Coll.: BER 4138, 4337, 4823; MAD 3290.

Micrococca mercurialis (L.) Benth. — Coll.: BER 3485; LYK 179, 232; MAD 3225, 3319.

Phyllanthus amarus Schum. et Thonn. — Coll.: BA 1239; MAD 4011; VAN 10038.

Phyllanthus discoideus (Baill.) Müll. Arg. — Coll.: BER 3657.

Phyllanthus maderaspatensis L. — Coll.: BER 3414, 3440; MAD 1040.

Phyllanthus niruri L. — Coll.: BEK 46; BER 3961; MAD 2839.

Phyllanthus pentandrus Schum. et Thonn. — Coll.: MAD 2812, 3423.

Phyllanthus reticulatus Poir. — Coll.: BER 4116; MAD 1701.

Phyllanthus rotundifolius Klein ex Willd. — Coll.: MAD 3448.

Phyllanthus sublanatus Schum. et Thonn. — Coll.: MAD 2005, 3798.

Securinega virosa (Roxb. ex Willd.) Baill. — Coll.: Ber 3437, 3472; Lyk 213, 763; Mad 1173, 1591, 1605, 2440, 2651, 3841, 3847, 4008.

Fabaceae

Abrus canescens Welw. — Coll.: BER 4713.

Abrus precatoris L. — Coll.: LYK 614.

Abrus precatorius L. — Coll.: BER 5429, 5452; MAD 1148, 1316, 1425, 2641, 2902, 4306.

Abrus pulchellus Thw. — Coll.: BER 5419, 5450, 5463, 5470, 5599; MAD 3859.

Annexe IV, suite. Espèces du Sénégal dans l'herbier "DAKAR".

Fabaceae
Abrus stictosperma Berh. — Coll.: LYK 704.
Aeschynomene afraspera J. Léonard. — Coll.: BER 3524, 3812; MAD 2256, 2475, 2536.
Aeschynomene crassicaulis Harms. — Coll.: MAD 1154, 2472, 3000.
Aeschynomene indica L. — Coll.: BER 3383, 3766; LYK 522; MAD 1096, 2135, 2266, 2537, 3237;
        VAN 10181.
Aeschynomene pulchella Planch. ex Bak. — Coll.: BER 4386.
Aeschynomene schimperi Hochst. ex A. Rich. — Coll.: BER 4786; MAD 2158.
Aeschynomene tambacoundensis Berh. — Coll.: MAD 2160, 2329, 3327, 3651, 3758, 3958.
Aeschynomene uniflora E. Mey. — Coll.: BER 3525, 3676; MAD 3484.
Afrormosia laxiflora (Benth.) Harms. — Coll.: TRA 17.
Alysicarpus ovalifolius (Schum. et Thonn.) J. Léonard. — Coll.: BEK 122; BER 3459, 3843, 3851,
        4038; GOU 199; LYK 519; MAD 1082, 2009, 2432, 2568, 2814, 3278, 3284, 3286,
        3721, 3924, 3935, 4165.
Alysicarpus rugosus (Willd.) DC. — Coll.: BER 3131; MAD 1014, 2441, 2448, 2535, 2567, 3303,
        3661, 3706, 3718, 4704; VAN 10169, 10206.
Arachis hypogaea L. — Coll.: BER 3845.
Atylosia scarabaeoides (L.) Benth. — Coll.: BER 4219; MAD 2414, 2463, 2983, 3761.
Atylosia scarabeoides (L.) Benth. — Coll.: MAD 2213, 2310, 2456.
Bryaspis lupulina (Planch. ex Benth.) Duvign. — Coll.: BER 1254, 4601, 4677; MAD 4377, 4646.
Canavalia ensiformis L. DC. — Coll.: MAD 2941.
Canavalia maritima (Aubl.) Thouars. — Coll.: LYK 864; MAD 3050; SON 184.
Canavalia rosea (Sw.) Dc. — Coll.: LYK 590.
Canavalia virosa (Roxb.) Wight et Arn. — Coll.: BER 3018, 4305, 4832; MAD 1106, 2409, 2506.
Clitoria rubiginosa Juss. ex Pers. — Coll.: BER 5144, 5183, 5211, 5401.
Clitoria ternatea L. — Coll.: BER 3587, 3588.
Crotalaria arenaria L. Benth. — Coll.: BER 5460; MAD 1324, 2659, 2850.
Crotalaria atrorubens Hochst. ex Benth. — Coll.: BA 1237; BER 3501, 3688, 3901, 4011; LYK 535,
        565; MAD 2761, 2888, 3740, 3920.
Crotalaria barkae Schweinf. — Coll.: BER 3447.
Crotalaria calycina Schrank. — Coll.: BA 1201; BER 4327, 4345; MAD 2243, 2461, 2980, 3676.
Crotalaria comosa Bak. — Coll.: BER 3888; MAD 2254, 3602.
Crotalaria confusa Hepper. — Coll.: MAD 3648.
Crotalaria cylindrocarpa DC. — Coll.: BER 4223, 4235, 4236; MAD 1502.
Crotalaria ebenoides (Guill. et Perr.) Walp. — Coll.: MAD 2315, 2541, 3345, 3923.
Crotalaria glauca Willd. — Coll.: BER 4286; MAD 2104, 2108, 2501, 3662.
Crotalaria glaucoides Bak f. — Coll.: BER 3705, 3819, 5500; LYK 505, 517, 564.
Crotalaria goreensis Guill. et Perr. — Coll.: BER 3894, 4349; LYK 240; MAD 1074, 2742.
Crotalaria hyssopifolia Klotzsch. — Coll.: BER 4322, 4417, 5435, 5502; MAD 3649, 3903.
Crotalaria lathyroides Guill. et Perr. — Coll.: BER 3329, 3359, 3720, 3880, 5037, 5589, 5598; MAD
        3771; VAN 10138.
Crotalaria leprieurii Guill. et Perr. — Coll.: LYK 478; MAD 3378.
Crotalaria macrocalyx Benth. — Coll.: BER 4372; MAD 2309, 2451.
Crotalaria ochroleuca G. Don. — Coll.: BER 3633, 3852, 4056, 5513, 5529.
Crotalaria ononoides Benth. — Coll.: MAD 3315, 3701, 3941.
Crotalaria pallida Ait. — Coll.: BER 4664; GOU 1270; MAD 1387.
Crotalaria perrottetii DC. — Coll.: BER 3668, 3715, 4854, 5254; MAD 3501, 3516, 3729.
Crotalaria podocarpa DC. — Coll.: BER 3476, 3645; MAD 3505, 3515, 3567.
Crotalaria retusa L. — Coll.: BER 3527; MAD 3016, 3224, 3845, 4050, 4413; TRA 48.
Crotalaria senegalensis (Pers.) Bacle ex DC. — Coll.: BER 3959, 3970; MAD 2282, 3425, 3702.
Crotalaria sphaerocarpa Perr. ex DC. — Coll.: BER 5114.
Crotalaria spinosa Hochst. — Coll.: BER 507, 5449, 5523.

Annexe IV, suite. Espèces du Sénégal dans l'herbier "DAKAR".

Fabaceae

Crotalaria sublobata (Schum. et Thonn.) Meikle. — Coll.: MAD 2612.

Cyamopsis senegalensis Guill. et Perr. — Coll.: MAD 3508.

Cyclocarpa stellaris Afzel. ex Bak. — Coll.: MAD 3114.

Daniellia ogea (Harms) Rolfe ex Holl. — Coll.: MAD 1598, 1665, 1679.

Daniellia oliveri (Rolfe) Hutch. et Dalz. — Coll.: BA 1246; BER 5231; LYK 849; MAD 3052.

Desmodium adscendens (Sw.) DC. — Coll.: BER 5205, 5219.

Desmodium gangeticum (L.) DC. — Coll.: BER 3153, 5550; MAD 2218, 2627, 3313, 3685, 3862.

Desmodium hirtum Guill. et Perr. — Coll.: BER 3259, 3750, 4651; MAD 1382, 1399, 2460, 3323, 3852; VAN 10119.

Desmodium laxiflorum DC. — Coll.: BER 4445; MAD 2205, 2609, 3631, 3644, 3870, 3880.

Desmodium linearifolium G. Don. — Coll.: MAD 2161, 3329.

Desmodium ospriostreblum Chiov. — Coll.: MAD 1063, 1083, 2046, 2129, 2136, 2153, 2202, 2247, 2402, 2446, 2465, 2503, 2547, 2585, 2614, 2770, 3691, 3769, 3836, 3917.

Desmodium salicifolium (Poir.) DC. — Coll.: BER 4506, 4997, 5216.

Desmodium setigerum (E. May.) Benth. — Coll.: LYK 536, 578, 587.

Desmodium tortuosum (Sw.) DC. — Coll.: BER 3814, 5324; LYK 239, 466.

Desmodium velutinum (Willd.) DC. — Coll.: BER 3104, 3369; LYK 438; MAD 2090, 2204, 2412, 2447, 3342, 3630.

Dolichos daltoni Webb. — Coll.: BER 5477.

Dolichos schweinfurthii Taub. ex Harms. — Coll.: BER 3042.

Dolichos stenophyllus Harms. — Coll.: BER 3197; MAD 2007.

Eriosema afzelii Bak. — Coll.: BER 3041; MAD 3713.

Eriosema glomeratum (Guill. et Perr.) Hook. f. — Coll.: BER 3872, 3873, 4014.

Eriosema psoraleoides (Lam.) G. Don. — Coll.: BER 2995, 3115; MAD 2228.

Erythrina senegalensis DC. — Coll.: BA 1205; BER 3722, 4950; LYK 34; MAD 1402, 1572, 3780, 4064, 4538, 4687; SAM 60.

Erythrina sigmoidea Hua. — Coll.: GOU 237.

Flemingia faginea (Guill. & Perr.) O. Ktze. — Coll.: BA 1216; BER 4118, 4300, 4306, 4351, 4518; MAD 1375, 1404, 1428, 1453, 1455, 3136, 3988.

Indigofera aspera Pers. — Coll.: BER 3683, 3768, 5396; MAD 3429, 3500, 3518, 3519, 3566.

Indigofera astragalina DC. — Coll.: BER 3711, 3971, 5473; LYK 480, 88; MAD 3372, 3521.

Indigofera berhautiana Guillett. — Coll.: BER 3529.

Indigofera bracteolata Guill. et Perr. — Coll.: MAD 4016.

Indigofera capitata Kotschy. — Coll.: MAD 3605.

Indigofera congolensis De Willd. et Th. Dur. — Coll.: MAD 2179.

Indigofera costata Guill et Perr. — Coll.: BER 3952.

Indigofera dendroides Jacq. — Coll.: BER 3328, 3737, 3810, 3887; MAD 2010, 2011, 2095, 2198, 2316, 2434, 2566, 2593, 2828, 3299, 3693, 3926.

Indigofera diphylla Vent. — Coll.: BER 3690; MAD 2671, 3382, 4119, 4137, 4205; TRA 29.

Indigofera garckaena Vatke. — Coll.: MAD 3750.

Indigofera geminata Bak. — Coll.: BER 3111, 4633; MAD 2024, 2586, 3297, 3352, 3355.

Indigofera heudelotii Benth. ex Bak. — Coll.: BER 3686, 4867, 5064, 5095, 5101, 960.

Indigofera hirsuta L. — Coll.: BA 1227; BEK 16; BER 3776, 3818; LYK 699; MAD 2246, 2428, 2493, 2571, 2741, 2818, 2827, 2932, 2973, 2988, 3328, 3742, 3911, 4288, 4461; VAN 10168.

Indigofera leprieurii Bak. f. — Coll.: BER 3842; MAD 3357, 3379.

Indigofera leptoclada Harms. — Coll.: BER 3168, 3283, 4373, 4382, 4831, 5632.

Indigofera macrocalyx Guill. et Perr. — Coll.: BER 3024, 3759, 4321, 4346; MAD 1102, 1145, 2334, 2473, 2887, 2931, 2986, 3347, 3751.

Indigofera macrophylla Schum. — Coll.: BER 3675, 5560.

Indigofera nigritana Hook. f. — Coll.: BER 4523, 4617; MAD 2022, 2596.

Annexe IV, suite. Espèces du Sénégal dans l'herbier "DAKAR".

Fabaceae

Indigofera nummulariifolia (L.) Livera ex Alston. — Coll.: BER 5394, 5433; MAD 2452, 3928; VAN 10195.
Indigofera oblongifolia Forsk. — Coll.: BER 3557, 5520; MAD 1042.
Indigofera paniculata Vahl ex Pers. — Coll.: BER 3043, 4442.
Indigofera parviflora Heyne ex Wight et Arn. — Coll.: BER 3362, 3543, 3580, 5466, 5528.
Indigofera pilosa Poir. — Coll.: BER 3746, 4894; MAD 2040, 3929.
Indigofera prieureana G. et Perr. — Coll.: LYK 127.
Indigofera prieuriana Guill. et Perr. — Coll.: MAD 3340, 3367, 3741.
Indigofera pulchra Willd. — Coll.: BA 1210, 1214; MAD 1373, 3141, 4081, 4488.
Indigofera secundiflora Poir. — Coll.: BER 3807, 3960, 4232; MAD 1075.
Indigofera senegalensis Lam. — Coll.: BEK 120; BER 3508; MAD 2030, 3285, 3461; VAN 10050.
Indigofera sessiliflora DC. — Coll.: MAD 2665, 2859.
Indigofera simplicifolia Lam. — Coll.: BA 1228; BER 4328, 4344; MAD 2223, 2449, 2981.
Indigofera spicata Forsk. — Coll.: BER 5043, 5159.
Indigofera stenophylla Guill. et Perr. — Coll.: BER 3092, 3167, 3242, 3703, 3738, 5633; MAD 2000, 2088, 2166, 2494, 2529, 2597, 3338, 3370, 3375, 3925.
Indigofera subulata Guill. et Perr. — Coll.: BER 3395.
Indigofera suffruticosa Mill. — Coll.: BER 5577, 5587.
Indigofera terminalis Bak. — Coll.: BER 3280, 4509, 4561; MAD 2899, 3749, 3996.
Indigofera tinctoria L. — Coll.: BER 3953; MAD 1042, 1080, 1084, 3460.
Indigofera trichopoda Lepr. ex Guill. et Perr. — Coll.: BER 3166.
Indigofera trita L. f. — Coll.: BER 3439.
Lablab purpurea (L.) Sweet. — Coll.: BER 958.
Leptoderris brachtptera (Benth.) Dunn. — Coll.: LYK 894.
Lonchocarpus laxiflorus Guill. & Perr. — Coll.: BA 1240, 1247; BER 3890, 4963, 4964, 4969, 4984; GOU 76; LYK 856; MAD 1411, 2233, 3017, 3144, 3980; SAM 52.
Lonchocarpus sericeus (Poir.) Kunth. — Coll.: LYK 552; MAD 1368, 3030.
Lotus arabicus L. — Coll.: BER 4091, 4100, 4239; MAD 1538, 4005.
Macrotyloma biflorum (Schum. et Thonn.) Hepper. — Coll.: MAD 2222, 3348.
Macrotyloma stenophyllus (Harms) Verdc. — Coll.: MAD 3756, 3842.
Melliniella micrantha Harms. — Coll.: BER 3112; MAD 2001.
Mucuna pruriens (L.) DC. — Coll.: BER 957.
Nesphostylis holosericea (Bak.) Verdc. — Coll.: BER 3860.
Ormocarpum pubescens (Hochst.) Cuf. — Coll.: BER 2974.
Ormocarpum sennoides (Willd.) DC. — Coll.: BER 5347, 5352, 5434, 5499.
Ormocarpum verrucosum P. Beauv. — Coll.: BER 1705, 5486, 5571, 5573.
Pericopsis laxiflora (Benth. ex Bak.) van Meeuwen. — Coll.: BER 3863, 4188; LYK 70; MAD 1358, 3143.
Phaseolus adenanthus F. G. Mey. — Coll.: BER 4415.
Pseudarthria fagifolia Bak. — Coll.: BER 1333.
Psophocarpus palustris Desv. — Coll.: BER 3345.
Pterocarpus erinaceus Poir. — Coll.: BER 4182, 4191, 4960, 4970, 4985; GOU 339; LYK 883; MAD 1137, 3053, 3092, 3146, 3986.
Pterocarpus lucens (Lepr.) ex Guill & Perr. — Coll.: BER 3147, 4210; MAD 1164, 1602, 3165, 3652, 3984; SAM 26, 397.
Pterocarpus santaloïdes L'Her. ex DC. — Coll.: BER 4504; MAD 1418, 1533, 2877, 3175, 4010.
Rhynchosia albae-pauli Berhaut. — Coll.: MAD 3802.
Rhynchosia albiflora Berh. — Coll.: .
Rhynchosia congensis Bak. — Coll.: MAD 3688.
Rhynchosia memnonia (Del.) DC. — Coll.: LYK 574.
Rhynchosia minima (L.) DC. — Coll.: BEK 126; BER 3582, 3965; MAD 1064, 1073, 3184.

Annexe IV, suite. Espèces du Sénégal dans l'herbier "DAKAR".

Fabaceae

Rhynchosia pycnostachya (DC.) Meikle. — Coll.: BER 4376, 5087, 5188; LYK 851.

Rhynchosia sublobata (Sch. et Th.) Meikle. — Coll.: BER 3151, 3151, 3571; MAD 3061, 3181.

Rothia hirsuta (Guill. et Perr.) Bak. — Coll.: BER 3756, 3763, 4892.

Sesbania leptocarpa DC. — Coll.: BER 3607; MAD 3271.

Sesbania pachycarpa DC. — Coll.: BEK 37; BER 3375, 3526, 3619, 3620, 3744, 3761, 3815, 3938; LYK 65; MAD 1386, 1439, 2693, 2783, 3074; VAN 10090.

Sesbania rostrata Brem. ex Oberm. — Coll.: MAD 2515, 3597.

Sesbania sericea (Willd.) Link. — Coll.: BA 1245; BER 3388, 3502, 3725, 4016; MAD 1295, 3048, 3051.

Sesbania sesban (L.) Merrill. — Coll.: BER 4096, 4314, 4324, 4485, 4544, 516.

Sophora tomentosa L. — Coll.: BER 5408.

Stylosanthes erecta P. Beauv. — Coll.: BER 3641, 3714, 4888, 5497; LYK 619; MAD 4037.

Stylosanthes fructicosa (Retz.) Alston. — Coll.: BER 535; MAD 3214, 3600.

Tephrosia berhautiana Lescot. — Coll.: MAD 2592.

Tephrosia bracteolata Guill. et Perr. — Coll.: BEK 113; BER 3708, 3849; MAD 2107, 2321, 2604, 2903, 3944; VAN 10210.

Tephrosia deflexa Bak. — Coll.: BER 3021, 3840, 3846; LYK 521; MAD 2177, 2308, 2408, 2533, 2891.

Tephrosia elegans Sch. et Th. — Coll.: BER 3341; MAD 2170.

Tephrosia gracilipes Guill. et Perr. — Coll.: BER 3160, 3213, 4449; MAD 2017, 2028, 2181, 3296, 3350, 3712, 3715, 3967.

Tephrosia lathyroides Guill. et Perr. — Coll.: BEK 18, BER 3394, 3419; MAD 2934, 3844, 3856, 3962.

Tephrosia linearis (Willd.) Pers. — Coll.: BER 3513, 3710, 3764, 4863, 5156; LYK 177; MAD 2098, 2109, 2459, 2498, 2747, 2777, 2884, 2948, 2987, 3376, 3763, 3921, 3954, 4475.

Tephrosia lupinifolia DC. — Coll.: BER 3649, 5117, 5157; MAD 1326.

Tephrosia mossiensis A. Chev. — Coll.: BER 1571.

Tephrosia nana Schweinf. — Coll.: MAD 2023, 2027, 2076, 2091, 2180, 2318, 3333, 3499.

Tephrosia obcordata (Lam.) Bak. — Coll.: BER 3507; MAD 3502, 4095.

Tephrosia pedicellata Bak. — Coll.: BER 3589, 3760, 5507; MAD 1086, 2183, 2194, 2450, 3846.

Tephrosia platycarpa G. & Perr. — Coll.: BER 3169, 3532, 3889, 517, 5402; LYK 333, 506, 516; MAD 2760, 2819, 2885, 3738, 3936; VAN 10095.

Tephrosia purpurea (L.) Pers. — Coll.: BER 3646, 3712; LYK 593; MAD 2861, 3374, 3386, 3397, 3430, 3513, 3520, 3536.

Tephrosia stenophylla Guill. et Perr. — Coll.: MAD 3295.

Tephrosia uniflora Pers. — Coll.: BER 3397, 3421; MAD 1066, 3511.

Teramnus labialis (L. f.) Spreng. — Coll.: BER 4564, 5441; MAD 1003, 3858.

Teramnus uncinatus (L.) Sw. — Coll.: BER 1214, 4462; MAD 1172, 2403.

Thephrosia berhautiana Lescot. — Coll.: MAD 3298.

Uraria picta (Jacq.) DC. — Coll.: BER 3117; MAD 2206, 2400, 3901, 4259.

Vigna ambacensis Bak. — Coll.: BER 3276, 3735, 3856, 3943, 4612, 5490; MAD 2079, 2405, 3663, 3754, 3939.

Vigna angustifolia Hook. — Coll.: BER 5488.

Vigna desmodioides Wilczek. — Coll.: MAD 3694.

Vigna filicaulis Hepper. — Coll.: BER 3351; MAD 2422.

Vigna gracilis (Guill. et Perr.) Hook. f. — Coll.: BER 3859; MAD 2406, 2416, 2444, 2634.

Vigna kirkii (Bak.) Gillett. — Coll.: MAD 2771, 2808.

Vigna nigritia Hook. f. — Coll.: MAD 2242, 2415, 2454.

Vigna racemosa (G. Don) Hutch. et Dalz. — Coll.: BER 3279, 3854, 5146; MAD 2407, 2413, 2418, 2435, 2466, 2528, 2565, 2582, 3725, 3837, 3908, 3946.

Vigna radiata (L.) Wilczek. — Coll.: BER 3340, 5467; MAD 2207.

Annexe IV, suite. Espèces du Sénégal dans l'herbier "DAKAR".

Fabaceae
Vigna reticulata Hook. f. — Coll.: MAD 3601.
Vigna thonningii Hook. f. — Coll.: MAD 3907.
Vigna unguiculata (L.) Walp. — Coll.: BER 1846, 3855, 3944, 4227; MAD 1720, 3777, 3914.
Vigna venulosa Bak. — Coll.: BER 3451, 4394; MAD 3966.
Vigna vexillata (L.) Benth. — Coll.: BER 5487, 940.
Xeroderris stuhlmannii (Taub.) Mendoça et Sousa. — Coll.: BER 4184; LYK 167, 326; MAD 1359, 1465, 1486, 1570, 1662, 1692, 3113, 3189; TRA 1.
Zornia glochidiata Reichb. ex DC. — Coll.: BER 3477, 3729, 5422; LYK 118; MAD 2041, 3253.

Flacourtiaceae
Flacourtia flavescens Willd. — Coll.: BER 1197, 4765, 5304.
Oncoba spinosa Forsk. — Coll.: BER 4483, 5333; MAD 1118, 1645, 2974, 2990, 3170, 4631.

Frankeniaceae
Frankenia pulverulenta L. — Coll.: MAD 3493, 3589, 4225.

Gentianaceae
Canscora decussata (Roxb.) Roem. et Schult. — Coll.: BER 4653; MAD 4389, 4456, 4677, 4717.
Canscora diffusa R. Br. — Coll.: BER 4548, 4552, 4639.
Neurotheca loeselioides (Spruce ex Prog.) Baill. — Coll.: BER 3757, 3886, 4411; MAD 4329, 4400, 4722, 4729.

Goodeniaceae
Scaevola plumeri (L.) Vahl. — Coll.: LYK 636.
Scaevola plumieri (L.) Vahl. — Coll.: MAD 2691, 2867, 3975.

Haloragaceae
Laurembergia tetandra (Schott) Kanitz. — Coll.: BER 139.

Hippocrateaceae
Apodostigma pallens (Planch.) Wilcz. — Coll.: BER 4326.
Reissantea indica (Willd.) Hallé. — Coll.: BER 3367, 3632.
Simirestris paniculata (Vahl) Hallé. — Coll.: BER 4644.

Hydrocharitaceae
Blyxa senegalensis Dandy. — Coll.: BER 3256.
Ottelia ulvifolia (Planchon) Walpers. — Coll.: BA 1255; BER 4689; MAD 1393, 3850.

Hydrophyllaceae
Hydrolea floribunda Kotsch. et Peyr. — Coll.: BER 4393.
Hydrolea glabra Schum. et Thon. — Coll.: BER 3047, 3048, 4616.
Hydrolea macrosepala A. W. Bennett. — Coll.: BER 1144, 4687, 4701, 5629; MAD 4702.

Hypericaceae
Harungana madagascariensis Lam. ex Poir. — Coll.: GOU 208, 239.

Hypoxidaceae
Curculigo pilosa (Schum. & Thonn.) Engl. — Coll.: BER 3999, 5364; MAD 2077.

Icacinaceae
Icacina senegalensis A. Juss. — Coll.: BER 4966; LYK 10, 3; MAD 1350, 3094.

Annexe IV, suite. Espèces du Sénégal dans l'herbier "DAKAR".

Illecebraceae
Corrigiola russelliana A. Chev. — Coll.: BER 4225.

Isoetaceae
Isoetes melanotheca Alston. — Coll.: BER 3352, 4002.

Lamiaceae
Englerastrum gracillimum Th. C. E. Fries. — Coll.: BER 4072; MAD 3698.
Englerastrum nigericum Alston. — Coll.: BER 1199, 4463, 4491, 4620; MAD 3325.
Hoslundia opposita Vahl. — Coll.: BER 5281, 5351; MAD 1057, 1707, 2337, 3273.
Hyptis lanceolata Poir. — Coll.: BER 3063, 4422.
Hyptis spicigera Lam. — Coll.: BER 4049, 4061, 4817; LYK 613; MAD 1136, 1144, 2545, 3803.
Hyptis suaveolens Poit. — Coll.: BER 3974; GOU 149; LYK 537; MAD 1021, 1109, 1383, 1555, 2103, 2410, 2448, 2755, 2894, 3226, 3948.
Leonotis nepetifolia (L.) Ait. f. — Coll.: LYK 605.
Leucas martinicensis (Jacq.) Ait. f. — Coll.: BER 3962, 4265; MAD 3633.
Neophytis paniculata (Bak.) Morton. — Coll.: BER 1427, 4789.
Ocimum basilicum L. — Coll.: MAD 2296; VAN 10081.
Platostoma africanum P. Beauv. — Coll.: BER 3020, 3132; MAD 2631.
Salvia coccinea B. Juss. ex Murr. — Coll.: BER 5070.

Lauraceae
Cassytha filiformis L. — Coll.: BER 4866; LYK 608; MAD 1309, 3229.

Leeaceae
Leea guineensis G. Don. — Coll.: GOU 225, 319, 67; MAD 3892.

Lemnaceae
Lemna aequinoctialis Welw. — Coll.: BER 5062, 5267.
Wolffia arrhiza (L.) Horkel ex Wimm. — Coll.: BER 671.
Wolffiopsis welwitschii (Hegelm.) den Hartog et van der Plas. — Coll.: BER 4993, 699.

Lentibulariaceae
Utricularia foliosa L. — Coll.: BER 1213.
Utricularia gibba L. — Coll.: BER 5185; MAD 1097, 2482, 2960, 2977, 3001, 3003, 3142, 3963.
Utricularia inflexa Forsk. — Coll.: BA 1257; BER 3277, 3503; MAD 2963, 2996, 3963.
Utricularia micropetala Sm. — Coll.: MAD 2487.
Utricularia reflexa Oliver. — Coll.: MAD 2961.
Utricularia rigida Benj. — Coll.: BER 1565.
Utricularia spiralis Sm. — Coll.: BER 4732.
Utricularia thonningii Schum. — Coll.: BER 5561.

Liliaceae
Albuca nigritana (Baker) Troupin. — Coll.: BER 3469, 5346; MAD 1689, 1689, 1722.
Albuca sudanica A. Chev. — Coll.: MAD 1721.
Anthericum limosum Baker. — Coll.: LYK 813; MAD 3792.
Asparagus africanus Lam. — Coll.: BER 5283; MAD 3943.
Asparagus flagellaris (Kunth) Baker. — Coll.: BER 3717, 4938, 5284, 5342; MAD 3218.
Chlorophytum affine Baaker. — Coll.: MAD 3823.
Chlorophytum gallabatense Schweinf. ex Baker. — Coll.: MAD 3857.
Chlorophytum laxum R. Br. — Coll.: BER 3163, 5409, 5430; MAD 3959.

Annexe IV, suite. Espèces du Sénégal dans l'herbier "DAKAR".

Liliaceae
Chlorophytum macrophyllum (A. Rich.) Aschers. — Coll.: BER 5415, 5438; MAD 2620, 3261, 3857.
Chlorophytum senegalense (Baker) Hepper. — Coll.: BER 3096; MAD 2319, 2620, 3269, 3727.
Crinum distichum Herbert. — Coll.: MAD 1615, 3264, 3264, 4354; SAM 551.
Crinum zeylanicum (L.) L. — Coll.: BER 3837, 5399; MAD 1607, 1690, 1690, 3213, 3213, 3223, 3223, 4006, 4660.
Dipcadi longifolium (Lindl.) Bak. — Coll.: BER 5258.
Dipcadi tacazzeanum (Hochst. ex A. Richard) Baker. — Coll.: MAD 4089; TRA 23.
Gloriosa simplex L. — Coll.: BER 5405; LYK 1.
Gloriosa superba L. — Coll.: BER 198; LYK 669; MAD 3228.
Haemanthus multiflorus Martyn. — Coll.: BER 5325, 5412; LYK 406; MAD 1666, 3235, 3244.
Pancratium trianthum Herbert. — Coll.: MAD 3399, 3543, 4120.
Scilla sudanica A. Chev. — Coll.: LYK 782; MAD 1628, 1669.
Urginea altissima (L. f.) Baker. — Coll.: BER 3838, 4939; MAD 1372, 1634, 1667, 1695, 1723, 2955, 3100, 3206, 3206, 3212, 3981; SAM 549, 552.
Urginea indica (Roxb.) Kunth. — Coll.: BER 5260, 5288; MAD 1603, 1603, 1693, 1693, 1724, 4019.

Loganiaceae
Anthocleista procera Lepr. ex Bureau. — Coll.: BER 5330; SAM 87.
Mitrolea petiolata (J.F. Gmel.) Torr. et Gray. — Coll.: MAD 3867.
Strychnos innocua Del. — Coll.: MAD 1562.
Strychnos spinosa Lam. — Coll.: BER 4130, 4132; LYK 61, 99; MAD 2911.
Usteria guineensis Willd. — Coll.: BER 4573, 4606; GOU 334; MAD 1621, 3152.

Lorantaceae
Taipinanthus pentagonia (DC.) Van Tiegh. — Coll.: BER 4743.

Loranthaceae
Berhautia senegalensis Balle. — Coll.: BER 3235, 4074, 4154, 4374, 5224.
Englerina lecardii (Engl.) S. Baille. — Coll.: BA 1211; BER 3239, 4742; MAD 3282, 3377.
Tapinanthus bangwensis (Engl. et K. Krausse) Danser. — Coll.: BA 1212, 1215, 1229; LYK 570; MAD 1026, 3022, 3039, 4049.
Tapinanthus dodoneifolius (DC.) Danser. — Coll.: MAD 1062, 4020.

Lythraceae
Ammannia auriculata Willd. — Coll.: BER 1717, 4787, 5614; MAD 1099, 1129, 1542, 2692, 2779, 3077.
Ammannia baccifera L. — Coll.: BER 5655; LYK 13.
Ammannia prieureana G. et Perr. — Coll.: LYK 568.
Ammannia senegalensis Lam. — Coll.: BER 4255, 5515, 5607.
Nesaea aspera (G. et Perr.) koehne. — Coll.: BER 5601, 5602, 5616.
Nesaea cordata Hiern. — Coll.: MAD 4534.
Nesaea crassicaulis (G. et Perr.) Koehna. — Coll.: BER 5208.
Nesaea erecta Guill. et Perr. — Coll.: BER 4609, 5603.
Nesaea radicans Guill. et Perr. — Coll.: BER 5193.
Rotala tenella Hiern. — Coll.: BER 4610.

Malpighiaceae
Acridocarpus spectabilis (Nied.) V. Doorn. — Coll.: BA 1202; BER 4384; MAD 1163, 3099, 3993.
Flabellaria paniculata Cav. — Coll.: LYK 158, 698.

Annexe IV, suite. Espèces du Sénégal dans l'herbier "DAKAR".

Malvaceae
Abutilon ramosum (Cav.) G. et Perr. — Coll.: BEK 14.
Cienfuegosia digitata Cav. — Coll.: MAD 3457.
Gossypium barbadense L. — Coll.: MAD 2790; VAN 10159.
Hibiscus asper Hook. f. — Coll.: BER 4034, 4040, 4218, 4551, 4900; LYK 123, 30; MAD 1094, 1389, 2323, 2401, 2438, 2745, 3208, 3671, 3949, 4469.
Hibiscus diversifolius Jacq. — Coll.: LYK 664.
Hibiscus furcatus Roxb. — Coll.: BER 4397, 5213.
Hibiscus longisepalus Hochr. — Coll.: MAD 3832.
Hibiscus panduriformis Burm. f. — Coll.: BER 3573.
Hibiscus physaloides G. & Perr. — Coll.: BEK 17; BER 5023.
Hibiscus sabdariffa L. — Coll.: BER 3950.
Hibiscus squamosus Hochr. — Coll.: BER 4410.
Hibiscus sterculifolia (Guill. et Perr.) Steud. — Coll.: BA 1251; GOU 1282, 30; MAD 1334, 1396, 3131.
Hibiscus sterculifolius (Guill. et Perr.) Steud. — Coll.: BER 4593; LYK 821.
Hibiscus surattensis L. — Coll.: BER 5596; MAD 1401, 3826.
Kosteletzkya grantii (Mast.) Gürke. — Coll.: MAD 2717.
Pavonia senegalensis (Cav.) Leistn. — Coll.: BER 3528.
Pavonia zeylanica Cav. — Coll.: MAD 3436, 3438.
Sida acuta Burm. f. — Coll.: BER 3453, 3993, 4767, 5535; MAD 2411, 3786.
Sida alba L. — Coll.. BEK 127; BER 3489, 4843; LYK 484, 539; MAD 1059, 2045, 2464, 3788, 3835; VAN 10041.
Sida cordifolia L. — Coll.: BER 3648; MAD 2864.
Sida linifolia Juss. ex Cav. — Coll.: BER 4006, 4441, 5094; MAD 2763, 3744.
Sida micranthus Linn. — Coll.: MAD 3681.
Sida rhombifolia L. — Coll.: BER 3844, 3986, 5334; MAD 1390, 2290, 2740, 2817, 2817, 3719, 3955.
Sida urens L. — Coll.: MAD 1403, 2234, 2618, 2985, 3366, 3625, 3840; VAN 10207.
Thespesia populnea (L.) Soland. — Coll.: LYK 616; MAD 2794, 3034.
Urena lobata L. — Coll.: BER 4044; ERV 112; LYK 545; MAD 1091, 1300, 1378, 2502, 2785, 2820, 2926, 3599, 3783; VAN 10104.
Wissadula periplocifolia (L.) Presl. ex Thwaites. — Coll.: BA 1234; BER 3947; LYK 700; MAD 1170, 2164, 2201, 2419, 2433, 2439, 2617, 2984, 3686, 3770, 4557.

Marantaceae
Thalia welwitschii Ridl. — Coll.: BER 4712, 4728; MAD 4257, 4577, 4698.

Marsileaceae
Marsilea berhautii Tardieu. — Coll.: BER 901; CAI 4800.
Marsilea diffusa Lepr. — Coll.: BER 4526, 5002, 5579, 5580, 5581, 5582, 5583.
Marsilea trichopoda Lepr. — Coll.: BER 5001, 5468, 5568, 5608.

Melastomataceae
Dissotis grandiflora (Sm.) Benth. — Coll.: MAD 4084.
Dissotis phaeotricha (Hochst.) Triana. — Coll.: BER 4396, 4751.
Dissotis senegambiensis (G. et Perr.) Triana. — Coll.: BER 4420, 5066.
Melastomastrum capitatum (Vahl) A. et R. Fernandes. — Coll.: BER 4408, 4663; GOU 1267, 1289; MAD 1397, 3828, 3887.
Tristemma albiflorum . — Coll.: LYK 779.

Meliaceae
Azadirachta indica A. Juss. — Coll.: BEK 9; LYK 11; MAD 3070.

Annexe IV, suite. Espèces du Sénégal dans l'herbier "DAKAR".

Meliaceae
Carapa procera DC. — Coll.: GOU 1273, 9; MAD 3123.
Ekebergia senegalensis A. Juss. — Coll.: BER 3639, 5120, 5130; MAD 1653.
Khaya senegalensis (Desr.) A. Juss. — Coll.: LYK 497; MAD 1505, 2919, 4085; SAM 61.
Pseudocedrela kotschyi (Schweinf.) Harms. — Coll.: BER 4705; SAM 70.
Trichilia emetica Vahl. — Coll.: BER 3883, 4618; GOU 290, 341; LYK 329, 850, 855; MAD 1409,
        3023, 3109, 3977, 4072; TRA 7.
Trichilia prieureana A. Juss. — Coll.: GOU 27, 28, 307.

Menispermaceae
Cissampelos mucronata A. Rich. — Coll.: BER 4338; LYK 479; MAD 1442, 2146, 3014, 4561.
Cocculus pendulus (J. R. et G. Forst.) Diels. — Coll.: MAD 3456.
Tinospora bakis (A. Rich.) Miers. — Coll.: LYK 874; MAD 3033, 4041.

Menyanthaceae
Nymphoides indica (L.) O. Ktze. — Coll.: BA 1222; MAD 1155, 2962, 2994.

Mimosaceae
Acacia albida Del. — Coll.: LYK 615.
Acacia ataxacantha D.C. — Coll.: BEK 10; BER 3425; VAN 10052.
Acacia dudgeoni Craib. ex Holl. — Coll.: GOU 65; MAD 1481.
Acacia holocericea . — Coll.: SAM 42.
Acacia macrostachya Reich. ex. Benth. — Coll.: LYK 7; MAD 2826; SAM 18, 411, 523, 531.
Acacia nilotica (L.) Willd. ex Del. — Coll.: BEK 20; BER 4215, 4838; MAD 2701.
Acacia polyacantha Willd. — Coll.: BER 3555; LYK 555.
Acacia senegal (L.) Willd. — Coll.: BER 4951.
Acacia seyal Del. — Coll.: BA 1208; BEK 30; BER 4953; LYK 870; MAD 1043, 3062.
Acacia sieberiana DC. — Coll.: BEK 116; GOU 11; LYK 337, 579, 837; MAD 1335.
Acacia tortilis (Forsk.) Hayne. — Coll.: BER 3919.
Albizia malacophylla (A. Rich.) Walp. — Coll.: BER 4534, 4634.
Albizia zygia (DC.) J. F. Macbr. — Coll.: BER 3884, 3907.
Dichrostachys cinerea (L.) Wight. et Arn. — Coll.: BER 4209, 5338; GOU 6; LYK 16; MAD 2901,
        4466.
Entada africana Guill. et Perr. — Coll.: BER 3093, 3206, 3877, 5034, 5289; GOU 58; MAD 2775,
        2893; TRA 11.
Entada mannii (Oliv.) Tisserant. — Coll.: BER 4325, 4352, 4829.
Entada sudanica Schweinf. — Coll.: BER 4359.
Erythrophleum africanum (Welw. ex Benth.) Harms. — Coll.: BER 3219, 3222.
Erythrophleum suaveolens (Guill. et Perr.) Brenan. — Coll.: MAD 1332, 3069, 3106, 3137, 4030.
Leucaena glauca Benth. — Coll.: BER 4859.
Mimosa asperata L. — Coll.: BER 4092.
Mimosa pigra L. — Coll.: BER 4339; MAD 1110, 1124.
Neptunia oleracea Lour. — Coll.: BER 3664; MAD 2486, 2725, 2978, 3579.
Parkia biglobosa (Jacq.) Benth. — Coll.: BER 4976; GOU 322; MAD 1561, 4032.
Pentaclethra macrophylla Benth. — Coll.: GOU 1286, 40, 77.
Prosopis africana (Guill.et Perr.) Taub. — Coll.: BER 4973, 5272, 5285; GOU 247; MAD 1525.

Molluginaceae
Glinus lotoides L. — Coll.: BER 4309.
Glinus oppositifolius (L.) A. DC. — Coll.: BER 5115, 5134, 5194, 5244; MAD 3591.
Glinus radiatus (Ruiz et Pavon) Rohrb. — Coll.: BER 4330.
Limeum diffusum (Gay) Schinz. — Coll.: BER 3404; MAD 3400, 4163.

Annexe IV, suite. Espèces du Sénégal dans l'herbier "DAKAR".

Molluginaceae
Limeum pterocapum (Gay) Heimerl. — Coll.: MAD 3392, 3444, 4099.
Limeum viscosum (Gay) Fenzl. — Coll.: BER 5053, 5253; MAD 3401.
Mollugo cerviana (L.) Seringe. — Coll.: BER 3407.
Mollugo nudicaulis Lam. — Coll.: BEK 73; BER 5370; GOU 188; MAD 2003.

Moraceae
Antiaris africana Engl. — Coll.: BER 3681; LYK 152, 162.
Dorstenia walleri Hensl. — Coll.: BER 3164.
Ficus acutifolia Hutch.   Coll.: BER 1581.
Ficus capensis Thunb. — Coll.: GOU 80.
Ficus capreifolia Del. — Coll.: BER 4308, 4311, 4319, 4546.
Ficus congensis Engl. — Coll.: BER 4783.
Ficus dekdekna (Miq.) A. Rich. — Coll.: LYK 711.
Ficus dicranostyla Milbr. — Coll.: BER 5261; LYK 124, 164, 487, 822, 872, 873; SAM 50, 71.
Ficus glumosa (Miq.) Del. — Coll.: BER 4469, 4480, 4568; GOU 75; LYK 170, 37, 414, 465, 740,
         846; MAD 1576, 3028, 3969, 4385.
Ficus ingens Miq. — Coll.: BER 4978.
Ficus lecardii Warb. — Coll.: BER 4555, 4556, 4558, 4567.
Ficus leprieuri Miq. — Coll.: MAD 4065.
Ficus plathyphylla Del. — Coll.: LYK 140, 708.
Ficus polita Vahl. — Coll.: BER 3985; LYK 156, 896.
Ficus scott-elliotii Milbr. — Coll.: BER 4775; LYK 137, 260, 600.
Ficus sur Forssk. — Coll.: LYK 130; MAD 1560.
Ficus thonningii Blume. — Coll.: BER 3982, 4977; LYK 893; MAD 1333.
Ficus umbellata Vahl. — Coll.: BER 5019.
Ficus vallis-choudae Del. — Coll.: GOU 320.
Ficus vogelii (Miq.) MIq. — Coll.: LYK 886.
Morus mesozygia Stapf. — Coll.: LYK 121.
Treculia africana Decne. — Coll.: GOU 1287, 39; LYK 144, 882, 890.

Moringaceae
Moringa oleifera Lam. — Coll.: GOU 288; MAD 3072, 4487.

Myrsinaceae
Maesa nuda Hutch. et Dalz. — Coll.: GOU 311, 37, 68.

Myrtaceae
Eucalyptus alba Muell. — Coll.: BEK 25.
Psidium cattleyanum Sabine. — Coll.: BER 4856.
Syzygium cumini (L.) Skeels. — Coll.: MAD 1604; THO 7243.
Syzygium guineense (Willd.) DC. — Coll.: BER 3372, 4312, 4656, 4835, 5173; GOU 1274, 15, 63;
         LYK 853; MAD 1329, 1362, 1440, 1449, 1531, 1550, 3067, 4018; SAM 47.

Najadaceae
Najas graminea Del. — Coll.: BER 3281, 3382, 3821.

Nyctaginaceae
Boerhaavia graminicola Berhaut. — Coll.: LYK 185.
Boerhavia coccinea Mill. — Coll.: BER 4980, 5361, 5400, 5458.
Boerhavia diffusa L. — Coll.: BER 3921.
Boerhavia erecta L. — Coll.: BEK 69; BER 3002, 3920, 5016; MAD 2518.

Annexe IV, suite. Espèces du Sénégal dans l'herbier "DAKAR".

Nyctaginaceae
Boerhavia repens L. — Coll.: BEK 81; BER 3373, 4478, 5563, 5567.
Bougainvillea glabra Chois. — Coll.: BER 3598, 3923.
Bougainvillea pomacea Chois. — Coll.: BER 3599.
Bougainvillea spectabilis Willd. — Coll.: BER 3354, 3596.
Commicarpus africanus (Lour.) Dandy. — Coll.: BER 3637; MAD 1048.

Nymphaeaceae
Nymphaea caerulea sav. — Coll.: BER 5576.
Nymphaea guineensis Schum. et Thon. — Coll.: MAD 2730.
Nymphaea lotus L. — Coll.: BER 1216, 5090; MAD 2731, 2916, 3002, 3552, 4270.
Nymphaea micrantha G. et Perr. — Coll.: BER 3834, 5270, 5331, 5484, 5575, 5584; MAD 3004, 4263.

Ochnaceae
Lophira lanceolata van Tiegh. ex Keay. — Coll.: BER 3905, 5017; LYK 113; MAD 2921; TRA 1.
Sauvagesia erecta L. — Coll.: BER 3049. .

Olacaceae
Opilia celtidifolia (Guill. et Perr.) Endl. ex Walp. — Coll.: MAD 1646.
Ximenia americana L. — Coll.: BER 3983, 4195, 4943, 5032; GOU 289, 304, 50; LYK 174, 841; MAD 1352, 4056; TRA 3.

Oleaceae
Linociera nilotica Oliv. — Coll.: BER 4604.
Schrebera arborea A. Chev. — Coll.: MAD 3207.

Onagraceae
Ludwigia abyssinica (A. Rich.) Dandy et Breman. — Coll.: MAD 2235, 2697.
Ludwigia adscendens (L.) Hara. — Coll.: BA 1226; BER 5081; MAD 1152, 2478, 3580, 4083.
Ludwigia erecta (L.) Hara. — Coll.: BA 1254; BER 4247, 4332, 4367, 4625; LYK 567; MAD 1008, 1384, 2240, 2538.
Ludwigia hyssopifolia (G. Don) Exell. — Coll.: BER 4042, 4632; VAN 10203.
Ludwigia leptocarpa (Nuttall) Hara. — Coll.: BER 4406, 5008, 5177.
Ludwigia octovalvis (Jacq.) Raven. — Coll.: BER 3749, 3909, 3942, 3951, 4426, 5554.
Ludwigia perennis L. — Coll.: BER 5440, 5516.
Ludwigia senegalensis (DC.) Trochain. — Coll.: BER 4053, 4697.
Ludwigia stenoraphe (Brenan) Hara. — Coll.: BER 4730, 4759; MAD 1377.
Ludwigia suffruticosa L. — Coll.: BA 1223; MAD 2424.

Ophioglossaceae
Ophioglossum reticulatum L. — Coll.: BER 5080, 5093, 5290, 5363; LYK 721, 829, 848, 859.

Orchidaceae
Calyptrochilum christyanum (Reichenb. f.) Summerh. — Coll.: MAD 1641.
Eulophia guineensis Lindl. — Coll.: BER 5329.
Habenaria angustissima Summerh. — Coll.: BER 892.
Habenaria laurentii De Wild. — Coll.: BER 3278.
Habenaria schimperiana Hochst. ex A. Rich. — Coll.: BER 889.
Nervilia kotschyi (Rchb. f.) Schltr. — Coll.: BER 2952, 4071, 5643.

Annexe IV, suite. Espèces du Sénégal dans l'herbier "DAKAR".

Orobanchaceae
Cistanche phelipaea (L.) Cout. — Coll.: BER 5109; MAD 1322.

Oxalidaceae
Biophytum petersianum Klotz. — Coll.: BER 3325; GOU 142; MAD 2032, 3794.

Pandanaceae
Pandanus senegalensis St. John. — Coll.: BER 4577.

Parkeriaceae
Ceratopteris cornuta (P. Beauv.) Lepr. — Coll.: BER 3679, 4715.
Ceratopteris thalictroides (L.) Brongn. — Coll.: MAD 1385.

Passifloraceae
Adenia lobata (Jacq.) Engl. — Coll.: BER 5459.
Passiflora foetida L. — Coll.: BER 3650; MAD 3230.

Pedaliaceae
Cerathotheca sesamoides Endl. — Coll.: BER 3481, 4012; MAD 3422, 3679, 3759.
Sesamum alatum Thonning. — Coll.: BER 5310; MAD 3383, 3437, 4113, 4203.
*Sesamum alatum_* Thonning. — Coll.: MAD 2689, 3449.
Sesamum indicum L. — Coll.: BER 3237, 4355.

Peperomiaceae
Peperomia pellucida (L.) H.B.K. — Coll.: BER 3408; MAD 3196, 3869.

Plumbaginaceae
Plumbago zeylanica L. — Coll.: BER 3594, 5514; LYK 703.

Poaceae
Acroceras amplectens Stapf. — Coll.: BER 3058, 3098, 4680; LÆG 16846, 16914, 17183, 17303, 17326; MAD 2117, 2250, 2283, 2287, 2288, 2289, 2496, 2512, 2540, 3848, 4265, 4414, 4706.
Acroceras zizanoides (Kunth) Dandy. — Coll.: BER 3062; MAD 3126; VAN 10167.
Anadelphia afzeliana (Rendle) Stapf. — Coll.: BER 3051, 3217; LÆG 17227, 17290, 17315; MAD 2176.
Anadelphia polychaeta Clayton. — Coll.: LÆG 16875.
Andropogon auriculatus Stapf. — Coll.: MAD 2271, 2561, 2603, 2644, 2793, 3606, 3746, 3768, 3863, 3902, 3934.
Andropogon chinensis (Nees) Merr. — Coll.: LÆG 17167, 17208.
Andropogon fastigiatus Sw. — Coll.: BER 5494; LÆG 17235; MAD 2551.
Andropogon gabonensis Stapf. — Coll.: LÆG 17130; MAD 2549.
Andropogon gayanus Kunth. — Coll.: BER 4579, 4890, 4895; LÆG 17078, 17089, 17250, 17832, 17927; LYK 515, 543; MAD 1092, 2462, 2615, 2752, 2838, 3481; SAM 495.
Andropogon pinguipes Stapf. — Coll.: BER 3691, 4837, 4878; LÆG 16840, 17411, 17803, 17830, 17835, 17870; MAD 2821; SON 116.
Andropogon pseudapricus Stapf. — Coll.: BER 3791, 5496; LÆG 17267, 17369; MAD 2270, 2459, 2476, 2517, 2558, 2606, 2639, 3612, 3675, 3705, 3765, 3789, 3827.
Andropogon schirensis A. Rich. — Coll.: LÆG 17162, 17293.
Andropogon tectorum Schum. & Thonn. — Coll.: LÆG 17225; VAN 10122.
Anthephora ampullacea Stapf & Hubbard. — Coll.: LÆG 17160; MAD 3609.

Annexe IV, suite. Espèces du Sénégal dans l'herbier "DAKAR".

Poaceae

Aristida adscensionis L. — Coll.: BEK 35; BER 3958, 5546; LÆG 16832, 16892, 17047, 17377, 17384, 17413, 17898, 17899; LYK 527; MAD 1013, 1079, 2338, 3455, 4102, 4200, 4240.

Aristida funiculata Trin. et Rupr. — Coll.: BER 3569; LÆG 16996, 17050, 17053, 17079, 17892, 17915; MAD 4157, 4185; SON 198, 230.

Aristida hordeacea Kunth. — Coll.: BER 3462, 3567; LÆG 17891.

Aristida kerstingii Pilger. — Coll.: BER 3773, 3780.

Aristida mutabilis Trin. et Rupr. — Coll.: LÆG 16998, 17060, 17906, 17934, 17944; LYK 673; MAD 3402, 3568, 4131, 4171.

Aristida sieberana Trin. — Coll.: BER 3500, 4881, 5143, 5544; LÆG 17000, 17006, 17101, 17118, 17128, 17801, 17829, 17946; MAD 3387, 3478, 4141; SON 112, 170; VAN 10065.

Aristida stipoides Lam. — Coll.: BER 3790, 4882; LÆG 16997, 17800, 17945; MAD 4255; SON 172.

Arthraxon lancifolius (Trin.) Hochst. — Coll.: MAD 2632, 3884.

Arundinella nepalensis Trin. — Coll.: BER 4553, 4641.

Beckeropsis uniseta (Nees) K. Schum. — Coll.: BER 3902; MAD 2610, 3875, 4639.

Bothriochloa bladhii (Retz.) S. T. Blake. — Coll.: BER 1706, 3568, 5359, 5517; SON 103.

Bothriochloa glabra A. Cam. — Coll.: BER 3466, 3624, 5526.

Bothriochloa insculpta (Hochst. ex A. Rich.) A. Camus. — Coll.: LÆG 16892, 17834; MAD 1053, 2348.

Brachiaria comata (A. Rich.) Stapf. — Coll.: LÆG 17797.

Brachiaria comota (A. Rich.) Stapf. — Coll.: LÆG 16950, 17322.

Brachiaria deflexa (Schumach.) Robyns. — Coll.: BER 3551, 5647.

Brachiaria distichophylla (Trin.) Stapf. — Coll.: SON 113.

Brachiaria jubata (Fig. & De Not.) Stapf. — Coll.: LÆG 16926; MAD 2230.

Brachiaria lata (Schumach.) C.B. Hubbard. — Coll.: BER 3097; LÆG 16850, 16974, 17095, 17104, 17126, 17253, 17329, 17354, 17406, 17839, 17842; LYK 51, 80, 94; MAD 2064, 2340, 2523, 4241.

Brachiaria mutica (Forsk.) Stapf. — Coll.: BER 5541; LÆG 17810, 17845, 17888, 17925, 17932.

Brachiaria orthostachys (Mez) W.D. Clayton. — Coll.: LÆG 17001, 17094, 17110, 17133, 17902, 17941.

Brachiaria plantaginea (Link) Hitchc. — Coll.: LÆG 16862.

Brachiaria ramosa (L.) Stapf. — Coll.: LÆG 16824, 16870, 16937; MAD 3468.

Brachiaria stigmatisata (Mez) Stapf. — Coll.: BER 3191, 5509; LÆG 16833, 16837, 16838, 16939, 16943, 17142, 17350.

Brachiaria villosa (Lam.) A. Camus. — Coll.: LÆG 16831, 16910, 16949, 16982, 17164, 17198, 17343, 17824; MAD 2055; VAN 10131.

Brachiaria xantholeuca (Schinz) Stapf. — Coll.: BER 5373; LÆG 17860, 17884; LYK 6; MAD 1705, 3431, 3474, 4138.

Brachyachne obtusiflora (Benth.) C.E.Hubbard. — Coll.: LÆG 17177, 17211, 17212, 17311.

Cenchrus biflorus Roxb. — Coll.: BER 3972, 5646; LÆG 16866, 16969, 16988, 16990, 16994, 17102, 17387, 17786, 17861; LYK 50; MAD 2350, 2580, 2677, 2836, 2856, 3406, 3457, 3570, 4132, 4170, 4217, 4500; SON 159.

Cenchrus ciliaris L. — Coll.: LÆG 17002, 17072; MAD 3463; SON 255.

Cenchrus echinatus . — Coll.: LÆG 17841.

Cenchrus prieuri (Kunth) Maire. — Coll.: LÆG 17091, 17940.

Chasmopodium caudatum (Hack.) Stapf. — Coll.: BER 3865; LÆG 17239, 17266; MAD 2307, 2559, 3899, 3912, 4476, 4502.

Chloris barbata . — Coll.: LÆG 17837.

Chloris gayana Kunth. — Coll.: LÆG 17930.

Chloris pilosa Schumach. — Coll.: BEK 78; BER 3460, 3550; LÆG 16822, 16963, 17254, 17302; LYK 107; MAD 2066, 2291, 2562.

Annexe IV, suite. Espèces du Sénégal dans l'herbier "DAKAR".

Poaceae

Chloris prieurii Kunth. — Coll.: BEK 2; BER 3549, 4893; LÆG 16854, 16986, 16995, 17049, 17081, 17103, 17396, 17863, 17933; LYK 49, 509; MAD 1016, 2683, 3418, 3565, 4127, 4215; SON 132, 166.

Chloris pychnotrix Trin. — Coll.: MAD 2276, 2292, 2575, 3964.

Chloris robusta Stapf. — Coll.: BER 1108, 4745.

Chloris virgata Sw. — Coll.: LÆG 17069.

Coix lacryma-jobi L. — Coll.: BER 3402.

Ctenium elegans Kunth. — Coll.: BER 4007, 4139, 4880; MAD 2556; VAN 10151.

Ctenium newtonii Hack. — Coll.: LÆG 17229, 17280, 17291.

Ctenium villosum Berhaut. — Coll.: LÆG 17174, 17244, 17270, 17292, 17335; MAD 2060, 2120, 2123, 2269.

Cymbopogon giganteus Chiov. — Coll.: BA 1207; BER 3461, 3869, 4036; MAD 1045, 2881, 3797, 4482.

Cynodon dactylon (L.) Pers. — Coll.: BER 3540; LÆG 17027, 17084, 17098, 17907; MAD 2176, 2346, 4227; SON 106, 246; TRA 26.

Dactyloctenium aegyptium (L.) Willd. — Coll.: BEK 3; LÆG 16834, 16863, 17022, 17056, 17135, 17324, 17395, 17783, 17865; LYK 161, 52; MAD 2082, 2345, 4140, 4210.

Dactylotenium aegyptium . — Coll.: SON 129, 141, 157, 217.

Dichantium annulatum (Forssk.) Stapf. — Coll.: BER 5530; LÆG 17895.

Dichantium papillosum Stapf. — Coll.: BER 3610, 5236, 5522.

Digitaria acuminatissima Stapf. — Coll.: LÆG 17928.

Digitaria ciliaris (Retz.) Koel. — Coll.: BEK 1; LÆG 16826, 16851, 16867, 16987, 17004, 17058, 17097, 17132, 17252, 17388, 17779, 17782, 17787, 17843, 17876, 17905; MAD 2085, 2343, 2521, 2579, 3523, 3619, 3806, 4097, 4123; SON 107, 127, 176.

Digitaria debilis (Desf.) Willd. — Coll.: LÆG 17939.

Digitaria delicatula Stapf. — Coll.: LÆG 16898, 16907, 16951.

Digitaria exilis (Kippist) Stapf. — Coll.: BER 3231; MAD 4431.

Digitaria gayana (Kunth) Stapf ex A. Chev. — Coll.: BER 3032; LÆG 16968, 17359, 17798, 17826, 17866; MAD 3428; SON 169, 182.

Digitaria gentilis Henr. — Coll.: LYK 309, 323.

Digitaria horizontalis Willd. — Coll.: BER 3102, 3122, 3546, 5160; VAN 10102.

Digitaria lecardii (Pilg.) Stapf. — Coll.: BER 3107, 3230.

Digitaria leptorhachis (Pilg.) Stapf. — Coll.: BER 5555.

Digitaria longiflora (Retz.) Pers. — Coll.: BER 3044, 3401, 5403, 5420; LÆG 16868, 16872, 16909, 16952, 17117, 17144, 17827, 17858, 17875; MAD 4625.

Digitaria perrotteti (Kunth) Stapf. — Coll.: BER 3623; LÆG 17900; VAN 10056.

Digitaria ternata (A. Rich.) Stapf. — Coll.: MAD 2293.

Diheteropogon amplectens (Nees) Clayton. — Coll.: BER 3455.

Diheteropogon hagerupii Hitchc. — Coll.: BER 3201, 3304, 3522, 3799; LÆG 17259, 17282, 17294, 17368, 17380, 17408; MAD 2037, 2106, 2141, 2263, 2530, 2560, 2605, 3764, 3812, 3933, 4490.

Dinebra retroflexa (Vahl) Panz. — Coll.: MAD 4245.

Diplachne fusca (L.) Stapf. — Coll.: BER 3784; LÆG 16956, 16962, 16973, 17025, 17031, 17044, 17064, 17085, 17774, 17794, 17849, 17913; MAD 2706, 3491, 3498, 3551, 3584, 4104, 4233; SON 136, 167.

Echinochloa callopus (Pilg.) Clayton. — Coll.: BER 3177, 3252, 3934; LÆG 17817.

Echinochloa colona (L.) Link. — Coll.: BEK 29; BER 1006, 3179, 3935, 4846, 4924, 5612, 5613; LÆG 16845, 17012, 17019, 17125, 17279, 17304, 17777, 17784, 17811, 17812, 17846; LYK 105, 327; MAD 1052, 1706, 2057, 2258, 2281, 2342, 2712, 3412, 3415, 3473, 3583, 4177, 4244, SON 131, 165; THO 7229.

Echinochloa crus-pavonis (Kunth) Schult. — Coll.: LÆG 17037.

Annexe IV, suite. Espèces du Sénégal dans l'herbier "DAKAR".

Poaceae

Echinochloa nubica (Steud.) Hack. & Stapf. — Coll.: BER 5525.

Echinochloa obtusiflora Stapf. — Coll.: LÆG 17189; MAD 3658.

Echinochloa pyramidalis (Lam.) Hitchc. & Chase. — Coll.: BER 3099, 3521, 5274; LÆG 16954, 16970, 17775, 17918, 17919, 17926; MAD 3585; SON 185, 237.

Echinochloa stagnina (Retz.) P. Beauv. — Coll.: BA 1224; BER 5309; LÆG 17028, 17036; MAD 1126, 2113, 2118, 2286, 2300, 2480, 2958, 2995; SON 234.

Eleusine caracana Gaertn. — Coll.: BER 3783.

Eleusine indica (L.) Gaertn. — Coll.: BER 3052, 3988; LÆG 16843, 17148, 17885; MAD 2053, 4298; SON 189.

Elionurus elegans Kunth. — Coll.: BER 3083, 3192, 3700; LÆG 16823, 17168, 17202, 17231, 17264, 17317, 17351, 17357, 17410; MAD 2059, 2061, 2111, 2175, 2555, 2587, 3717, 3953, 4430.

Elymandra androphila (Stapf) Stapf. — Coll.: LÆG 17159, 17246.

Elymandra archaelymandra (Jacq.-Fél.) Clayton. — Coll.: BER 3298; LÆG 17210, 17260, 17318.

Elytrophorus spicatus (Willd.) A. Camus. — Coll.: MAD 2328, 3728, 3970.

Eragrostis aspera (Jacq.) Nees. — Coll.: LÆG 17400.

Eragrostis atrovirens (Desf.) Trin. ex Steud. — Coll.: LÆG 16924, 16960, 17055.

Eragrostis cambessediana (Kunth) Steud. — Coll.: BER 3272, 3800, 4690.

Eragrostis cilianensis (All.) F. T. Hubb. — Coll.: BEK 36; BER 3539; LÆG 17068, 17271, 17838; MAD 2067, 2578; SON 123; VAN 10082.

Eragrostis ciliaris (L.) R. Br. — Coll.: BER 3955, 5552; LÆG 16857, 17057, 17862, 17903; MAD 2576, 2673, 2835, 4496; SON 105, 161, 163, 249; VAN 10146.

Eragrostis domingensis (Pers.) Steud. — Coll.: LÆG 16852, 17096, 17136, 17929; MAD 2675, 3049, 4220; SON 243; VAN 10221.

Eragrostis gangetica (Roxb.) Steud. — Coll.: LÆG 16825, 16889, 16905, 16908, 16920, 16947, 17186, 17245, 17333, 17342, 17414, 17415, 17820, 17850, 17852, 17856; MAD 2151, 2277, 2335, 4277; SON 137; VAN 10172, 10174.

Eragrostis japonica (Thunb.) Trinius. — Coll.: MAD 2918, 2949, 3811, 4574, 4608, 4707; VAN 10148.

Eragrostis linearis Benth. — Coll.: BER 5328.

Eragrostis lingulata Clayton. — Coll.: BER 3033, 3223, 3324, 4347, 5495, 5510; LÆG 16836, 16979, 16981, 17255, 17308, 17346, 17362, 17385; MAD 2101, 2519, 3952, 4508.

Eragrostis namaquensis Trin. — Coll.: BER 4226, 4230, 4269, 4438, 4563.

Eragrostis pilosa (L.) Beauv. — Coll.: BEK 27; BER 3010, 3465, 5372; LÆG 16835, 16844, 16977, 17048, 17077, 17251, 17805, 17823, 17847, 17914; LYK 57; MAD 2339, 3198, 3488, 3561; SON 122.

Eragrostis squamata (Lam.) Steud. — Coll.: BER 3778, 3788, 3795, 4024, 4897, 5030; LÆG 17853; MAD 3477, 3550.

Eragrostis tenella (L.) Roem. et Schult. — Coll.: BEK 67; BER 3629, 3968; LÆG 16861, 17883; MAD 2703, 2834, 3416, 4252.

Eragrostis tremula Hochst. ex Steud. — Coll.: BER 3523, 3787, 3956, 4877, 5622; LÆG 16825, 16860, 16864, 16930, 16978, 16992, 17059, 17141, 17344, 17360, 17854, 17867, 17942; LYK 56, 672; MAD 2096, 2110, 2525, 2654, 2837; SON 101, 120, 152; VAN 10185.

Eragrostis turgida (Schumach.) De Wild. — Coll.: BER 3061, 3109, 5421; LÆG 16944, 16948, 16983, 17145, 17199; MAD 2056, 2184.

Eriochloa fatmensis (Hochst. et Steud.) Clayton. — Coll.: LÆG 16878, 17040, 17052, 17062, 17076, 17083, 17401; MAD 3413; VAN 10046.

Euclasta condylotricha (Hochst. ex Steud.) Stapf. — Coll.: BER 3825; MAD 2070, 2635, 3861.

Hackelochloa granularis (L.) O. Kze. — Coll.: BER 3296, 3464; LÆG 16839, 16904, 17155, 17196, 17297, 17330, 17358, 17896; LYK 322; MAD 2054, 2062, 2174, 2583, 3795; SON 204.

Annexe IV, suite. Espèces du Sénégal dans l'herbier "DAKAR".

Poaceae

Heteropogon contortus (L.) P. Beauv. ex Roem. et Schult. — Coll.: BER 1883.

Heteropogon melanocarpus (Ell.) Benth. — Coll.: BER 5578.

Hyparrhenia archaelymandra Jac.-Fél. — Coll.: BER 3015, 3189.

Hyparrhenia bagirmica (Stapf) Stapf. — Coll.: MAD 2649, 3747, 4510.

Hyparrhenia dissoluta (Nees ex Steud.) Hubb. — Coll.: BER 3692; SON 119.

Hyparrhenia glabriuscula (Hochst. ex A. Rich.) Anderss. ex Stapf. — Coll.: BER 4599; MAD 2550.

Hyparrhenia rufa (Nees) Stapf. — Coll.: BER 4521, 4582, 4600; MAD 1408.

Hyparrhenia sulcata Jacq.-Fél. — Coll.: BER 3215.

Hyperthelia dissoluta (Nees ex Steud) Clayton. — Coll.: LÆG 16893, 17131, 17249, 17289, 17319, 17341, 17828; MAD 2664.

Imperata cylindrica (L.) Räusch. — Coll.: BER 5108; MAD 1320.

Ischaemum rugosum Salisb. — Coll.: BER 4722; LÆG 17920; MAD 4607, 4695, 4696, 4737.

Leersia drepanothrix Stapf. — Coll.: BER 2969, 4576; LÆG 16928, 16931, 17188, 17247, 17306; MAD 2191, 3664.

Leersia hexandra Sw. — Coll.: BER 4996; LÆG 17886.

Leptchloa caerulescens Steud. — Coll.: BER 3101.

Leptothrium senegalense (Kunth) Clayton. — Coll.: MAD 3467.

Leptothrium senegalensis (Kunth) W.D. Clayton. — Coll.: LÆG 16999, 17008, 17010, 17074, 17937; MAD 3403, 3564, 4134; SON 250.

Loudetia annua (Stapf) Hubbard. — Coll.. LÆG 17195; MAD 4512.

Loudetia hordeiformis (Stapf.) C.E. Hubbard. — Coll.: BER 3721; LÆG 17207, 17799, 17871; MAD 2097, 3613, 3735, 4287.

Loudetia simplex (Nees) C.E. Hubbard. — Coll.: LÆG 17158, 17287.

Loudetia togoensis (Pilger) C.E. Hubbard. — Coll.: BER 3254, 3302, 3789; LÆG 17169, 17170, 17234, 17276, 17332; MAD 2115.

Loudetiopsis pobeguinii (Jac.-Fél.) Clayton. — Coll.: BER 4574, 4672.

Loudetiopsis tristachyoides (Trin.) Conert. — Coll.: LÆG 17178, 17237, 17285, 17334; MAD 2075, 2268, 2640.

Microchloa indica (L. f.) Beauv. — Coll.: BER 3201, 5424, 5431; LÆG 16906, 16985, 17140, 17204, 17213, 17233, 17261, 17262, 17278, 17323, 17336, 17349, 17372; SON 149.

Olyra latifolia L. — Coll.: BER 1497, 4487, 4531; LÆG 16936.

Oplismenus burmanii (Rezt.) Beauv. — Coll.: BER 3630, 4054; ERV 110; LÆG 16899; MAD 2149, 2253, 2274, 2468, 2633, 2815, 3776, 3951.

Oplismenus hirtellus (L.) P. Beauv. — Coll.: BER 3140, 3305, 4475; LÆG 17175, 17320, 17337.

Oropetium aristatum (Stapf) Pilger. — Coll.: BER 3140, 3305, 4475; LÆG 17175, 17320, 17337.

Oryza barthii A. Chev. — Coll.: BA 1225; BER 3176, 5448; LÆG 16989, 17223, 17331, 17770, 17772, 17890; MAD 1125, 2192, 2306, 2471, 2543, 2959, 2997; SON 195.

Oryza brachyantha A. Chev. & Roehr. — Coll.: BER 3253; LÆG 17187, 17217, 17274.

Oryza glaberrima Steud. — Coll.: BA 1250.

Oryza longistaminata A. Chev. & Roehr. — Coll.: LÆG 16923, 17033, 17066, 17327, 17818, 17889, 17931; MAD 2470, 2484; SON 135, 193.

Oryza sativa L. — Coll.: LÆG 17029, 17034, 17038, 17043, 17819, 17848, 17887; MAD 4421.

Oxytenanthera abyssinica (A. Rich.) Munro. — Coll.: BA 1260; BER 3009, 4914; MAD 1527, 2880.

Panicum afzelii Sw. — Coll.: BER 3195, 3293, 4649, 4671; MAD 4612, 4655.

Panicum anababtistum Steud. — Coll.: BER 3232.

Panicum baumannii K. Schum. — Coll.: MAD 2746.

Panicum coloratum L. — Coll.: LÆG 16917.

Panicum fluviicola Steud. — Coll.: BER 3067, 3779, 3827, 3868, 4421.

Panicum gracilicaule Rendle. — Coll.: BER 3867; LÆG 17219; MAD 3608; VAN 10155.

Panicum laetum Kunth. — Coll.: BER 3444, 3468, 5519.

Annexe IV, suite. Espèces du Sénégal dans l'herbier "DAKAR".

Poaceae

Panicum lindleyanum Nees ex Steud. — Coll.: BER 4638.

Panicum maximum Jacq. — Coll.: BER 5383; MAD 3495.

Panicum pansum Rendle. — Coll.: BER 3566, 4003; LÆG 17153, 17230, 17258, 17275; MAD 4281, 4316, 4649, 4723.

Panicum parvifolium Lam. — Coll.: BER 3055, 4723, 4758.

Panicum praealtum Afz. ex Sw. — Coll.: BER 3106.

Panicum repens L. — Coll.: BER 3519; LÆG 17107, 17879; MAD 4274, 4276, 4333, 4353, 4651; SON 110, 177.

Panicum subalbidum Kunth. — Coll.: BER 3013, 3301, 5303; LÆG 16841, 16885, 16925, 16984, 17023, 17051, 17070, 17075, 17242, 17328, 17407; LYK 267; MAD 2084, 2121, 2248, 2280, 2294, 3549, 3595, 4178, 4211.

Panicum tenellum Lam. — Coll.: VAN 10237.

Panicum turgidum Forsk. — Coll.: LÆG 17005, 17088; MAD 2653, 3535, 3540.

Panicum walense Mez. — Coll.: BER 3255, 5416; VAN 10236.

Parahyparrhenia annua (Hack.) Clayton. — Coll.: BER 2997, 3040, 3251; LÆG 17209, 17232, 17273, 17283, 17316; MAD 2313, 3614.

Paratheria prostrata Griseb. — Coll.: LÆG 16915.

Paspalidium geminatum (Forsk.) Stapf. — Coll.: BER 5155; LÆG 16972, 17013, 17822, 17851, 17877, 17911, 17924; MAD 3548, 3569, 4232; SON 143, 178.

Paspalum orbiculare Forsk. — Coll.: BER 3801; LYK 67.

Paspalum scrobiculatum L. — Coll.: LÆG 16869, 16901, 16911, 16961, 16976, 17146, 17305, 17393, 17814, 17880; LYK 461; MAD 1177, 2063, 2112, 2251, 2508, 2584, 3132, 3851, 4412, 4444; SON 138.

Paspalum vaginatum Sw. — Coll.: BER 3545; LÆG 16881, 16955, 17014, 17111, 17878, 17909; MAD 2666; SON 108, 111, 180; THO 7224; TRA 41.

Pennisetum americanum (L.) K. Schum. — Coll.: LÆG 17003.

Pennisetum atrichum Stapf & Hubbard. — Coll.: BER 3034, 3454, 4443; LÆG 16820.

Pennisetum glaucum (L.) R. Br. — Coll.: LÆG 17776.

Pennisetum hordeoides (Lam.) Steud. — Coll.: LÆG 17238, 17265, 17300; MAD 2114, 4360, 4435.

Pennisetum pedicellatum Trin. — Coll.: BER 4885; LÆG 16964, 17241, 17355, 17379, 17382, 17405, 17855, 17897; LYK 442, 528; MAD 1069, 2052, 3624; SON 139; VAN 10666.

Pennisetum polystachion (L.) Schult. — Coll.: BER 3498; LÆG 16871, 16874, 16895, 17228, 17243; MAD 1056.

Pennisetum subangustum (Schumach.) Stapf & C.E. Hubbard. — Coll.: BER 3035, 3208, 3826; LÆG 17361; MAD 2214, 2646, 2825.

Pennisetum violaceum (Lam.) L. Rich. — Coll.: BER 3931, 4842, 4886; LÆG 17092, 17776, 17831, 17844, 17881, 17943; MAD 1015, 2858, 3507, 4139, 4158; SON 118, 187, 253.

Perotis indica (L.) Kuntze. — Coll.: BER 3621.

Perotis scabra Willd. ex Trin. — Coll.: LÆG 17868.

Phragmites australis (Cav.) Steud. — Coll.: LÆG 17833, 17908; MAD 2726.

Rhytachne gracilis Stapf. — Coll.: BER 1138, 4688.

Rhytachne triaristata (Steud.) Stapf. — Coll.: BER 3271, 3785; LÆG 17179, 17236, 17284, 17404; MAD 2267, 2333, 3815, 4384, 4605; VAN 10160.

Rottboellia cochinchinensis (Lour.) Clayton. — Coll.: BER 3866; LÆG 17781; LYK 496, 666; MAD 2215, 2548, 3784, 4634.

Rottboellia exaltata (L.). — Coll.: LÆG 16858, 16896, 16929, 17157.

Sacciolepis africana C. E. Hubbard & Snowden. — Coll.: BER 4416; LÆG 16927; MAD 1391, 2489, 4703.

Sacciolepis ciliocincta (Pilger) Stapf. — Coll.: BER 900; LÆG 17215, 17218; MAD 3654.

Sacciolepis cymbriandra Stapf. — Coll.: BER 3069, 4399, 4400; MAD 4681.

Sacciolepis micrococca Mez. — Coll.: BER 4427.

Annexe IV, suite. Espèces du Sénégal dans l'herbier "DAKAR".

Poaceae

Schizachyrium brevifolium (Sw.) Nees ex Büse. — Coll.: BER 3782, 4884; MAD 2442, 2458, 2569, 3696, 4598, 4705.

Schizachyrium exile (Hochst.) Pilger. — Coll.: BER 3693, 3718, 3774, 4883; LÆG 17171, 17256, 17834, 17872; MAD 2522, 2590, 2648, 3623.

Schizachyrium nodulosum (Hack.) Stapf. — Coll.: BER 3303, 371.

Schizachyrium platyphylium (Franch.) Stapf. — Coll.: BER 3116, 4387, 4678.

Schizachyrium pulchellum (Don ex Benth.) Stapf. — Coll.: MAD 2682.

Schizachyrium rupestre (K. Schum.) Stapf. — Coll.: BER 3781; LÆG 16918, 17356, 17394.

Schizachyrium sanguineum (Retz.) Alston. — Coll.: LÆG 17161; MAD 2554, 2601, 3726, 3927, 4358.

Schizachyrium scintillans Stapf. — Coll.: BER 265; LÆG 17181, 17286; MAD 3620.

Schizachyrium urceolatum (Hack.) Stapf. — Coll.: LÆG 17314, 17376; MAD 3714.

Schoenefeldia elegans Kunt. — Coll.: BEK 58, 68.

Schoenefeldia gracilis Kunth. — Coll.: BER 3467, 3775, 4879, 5545; LÆG 16913, 17054, 17065, 17338, 17367, 17386, 17840, 17893, 17916, 17935; MAD 2526, 2650, 3490, 4185, 4343, 4480.

Setaria barbata (Lam.) Kunth. — Coll.: BER 3100, 3984; LÆG 16865, 16900, 16966, 17147, 17299, 17325, 17809, 17813; LYK 173; MAD 1708, 3191; SON 191.

Setaria chevalieri Stapf. — Coll.: BER 4872.

Setaria longiseta P. Beauv. — Coll.: MAD 2058, 2130, 2224, 2589, 3808.

Setaria pallide-fusca (Shum.) Stapf & Hubbard. — Coll.: SON 145.

Setaria pumila (Poir.) Roem. & Schult. — Coll.: BER 3733; LÆG 16827, 16859, 16887, 17272, 17363, 17857; MAD 2071, 2119, 2344, 3790, 4428.

Setaria verticillata (L.) P. Beauv. — Coll.: BEK 5; BER 4840; LÆG 17082, 17124, 17780; MAD 2349, 3480; VAN 10042.

Sorghastrum bipennatum (Hack.) Pilger. — Coll.: BER 5527.

Sorghastrum stipoides (Stapf) Pilger. — Coll.: MAD 2232.

Sorghum bicolor (L.) Moench. — Coll.: LÆG 17778.

Sorghum halepense (L.) Pers. — Coll.: BER 5562.

Sorghum trichopus Stapf. — Coll.: BER 3037, 3053, 3216.

Sporobolus festivus Hochst. ex A. Rich. — Coll.: BER 3108, 3701, 5371; LÆG 16829.

Sporobolus helvolus (Trin.) Dur. & Schinz. — Coll.: LÆG 17067, 17086, 17090, 17923; MAD 2715, 4105; SON 235.

Sporobolus infirmus Mez. — Coll.: LÆG 17226, 17310.

Sporobolus microproctus Stapf. — Coll.: BER 3120, 3294; LÆG 16980, 17018, 17352, 17894; MAD 2083, 2520, 4199, 4243.

Sporobolus pectinellus Mez. — Coll.: BER 3105, 3190; MAD 2331.

Sporobolus pyramidalis P. Beauv. — Coll.: BER 1467, 3570, 5423; LÆG 16848, 16853, 16856, 16873, 16912, 17166, 17806; MAD 2285.

Sporobolus robustus Kunth. — Coll.: BER 3797; LÆG 16888, 16957, 17017, 17021, 17398, 17771, 17773, 17793, 17807, 17922; MAD 2674, 2707; SON 224; TRA 43.

Sporobolus spicatus (Vahl) Kunth. — Coll.: LÆG 17016, 17105, 17106, 17120, 17122, 17790, 17910; MAD 2658, 2872, 3593, 4103; SON 109, 154.

Sporobolus stolzii Mez. — Coll.: BER 3005, 3625, 3798, 5426; LÆG 16942.

Sporobolus tenuissimus (Schrank) Kuntze. — Coll.: LÆG 16902, 17154, 17172, 17214, 17312, 17373; MAD 2069.

Sporobolus virginicus (L.) Kunth. — Coll.: BER 5617; LÆG 16855, 17397, 17795, 17864; MAD 2800.

Stenotaphrum secumdatum . — Coll.: LÆG 17901.

Thelepogon elegans Roth ex Roem. & Schult. — Coll.: MAD 2645, 3598, 3860.

Themeda triandra Forssk. — Coll.: LÆG 17240.

Annexe IV, suite. Espèces du Sénégal dans l'herbier "DAKAR".

Poaceae
Tragus berteronianus Schult. — Coll.: LÆG 16991, 17009, 17046, 17071, 17904; MAD 3396, 3487, 3563, 4101, 4128, 4169.
Tragus racemosus (L.) All. — Coll.: MAD 3417.
Tripogon minimus (A. Rich.) Hochst. — Coll.: BER 3202; LÆG 17180, 17281, 17371; MAD 4369.
Urelytrum annuum Stapf. — Coll.: LÆG 17288; MAD 2172, 3607.
Vetivera nigritiana (Benth.) Stapf. — Coll.: MAD 2116; SON 232.
Vetiveria nigritana (Benth.) Stapf. — Coll.: BA 1220; BER 3229, 4488; LÆG 17026, 17087, 17206, 17269, 17295, 17921; MAD 2231, 2284, 3494, 3587, 4641.
Vetiveria nigritiana (Benth.) Stapf. — Coll.: SON 245.
Vossia cuspidata (Roxb.) Griff. — Coll.: MAD 3582.

Polygalaceae
Hybanthus enneaspermus (L.) F.V. Muell. — Coll.: MAD 3472.
Hybanthus theriifolius Hutch. et Daly. — Coll.: BER 3488, 4288.
Polygala arenaria Willd. — Coll.: BER 3687, 4729, 5503; MAD 2241, 3799, 4266, 4326, 4464.
Polygala erioptera DC. — Coll.: BER 3443, 3496, 5444; MAD 2679.
Polygala irregularis Boiss. — Coll.: BER 5605.
Polygala multiflora Poir. — Coll.: BER 3171, 3706, 5432; MAD 2167, 2203, 2244, 2630, 3249, 3356, 3690.
Securidaca longipedunculata Fres. — Coll.: BER 3724, 4370, 4952, 5301; LYK 26; MAD 1464, 1652, 1676, 2754, 4463; SAM 33, 49, 74, 78; TRA 20.

Polygonaceae
Polygonum glabrum Willd. — Coll.: MAD 1297, 3013.
Polygonum lanigerum R. Br. — Coll.: BER 5142; MAD 3076, 3596.
Polygonum limbatum Meisn. — Coll.: BER 4233, 4260.
Polygonum plebeium R. Br. — Coll.: BER 4240, 4263.
Polygonum pulchum Blume. — Coll.: BER 1017.
Polygonum salicifolium Willd. — Coll.: BER 4028, 4329, 4498, 4788, 5006; MAD 1111, 1113.
Polygonum setosulum A. Rich. — Coll.: BER 4087.
Symmeria paniculata Benth. — Coll.: BER 4082, 4120.

Pontederiaceae
Eichornia natans (P. Beauv.) Solms-Laub. — Coll.: MAD 2431, 2479, 2957, 3767, 4289, 4650.
Heteranthera callifolia Reich. ex Kunth. — Coll.: MAD 2299, 2325, 3280.
Monochoria brevipetiolata Verdc. — Coll.: BER 2960, 3136.

Portulacaceae
Portulaca meridiana L. — Coll.: BER 3350.
Portulaca oleracea L. — Coll.: MAD 3194.
Talinum portulacifolium (Forsk.) Asch. ex Schweinf. — Coll.: BER 3357.

Proteaceae
Grevillea robusta A. Cunn. — Coll.: BER 4870.

Ranunculaceae
Clematis hirsuta Guill. et Perr. — Coll.: BER 4472, 5566; MAD 3027, 3145, 4669.

Rhamnaceae
Ziziphus abyssinica Hochst. ex A. Rich. — Coll.: BER 1454.
Ziziphus mauritiana Lam. — Coll.: BEK 38; BER 4267; MAD 1001, 1055, 2100, 2945.

Annexe IV, suite. Espèces du Sénégal dans l'herbier "DAKAR".

Rhamnaceae

Ziziphus mucronata Willd. — Coll.: BER 3429, 4994; LYK 42; MAD 1108, 2156, 2900, 2936, 2939, 4000.

Ziziphus spina-christi (L.) Desf. — Coll.: BER 1251, 5648.

Rhizophoraceae

Cassipourea congoensis R. Br. ex DC. — Coll.: BER 3226, 4296.

Rhizophora harrisonii G. F. W. Mey. — Coll.: BER 1873, 5657.

Rhizophora mangle L. — Coll.: BER 566; MAD 2769, 2798, 3029, 3046.

Rhizophora racemosa G. F. W. May. — Coll.: BER 4749, 5057, 5659; LYK 861.

Rubiaceae

Borreria chaetocephala (DC.) Hepper. — Coll.: BER 3438, 3495, 4043; MAD 3391, 3420.

Borreria compressa Hutch. et Dalz. — Coll.: BER 2963, 3318, 3319, 3562, 4031, 4057, 692.

Borreria filifolia (Schum. et Thonn.) K. Schum. — Coll.: BER 3193, 3751, 3850, 4058; MAD 2336, 3739.

Borreria ocymoides (Burm. f.) DC. — Coll.: BER 3116; MAD 2637, 3961.

Borreria radiata DC. — Coll.: BER 3635, 3813, 4364.

Borreria scabra (Schumach. et Thonn.) K. Schum. — Coll.: BER 2999, 3003, 3019, 3218; MAD 3217, 3263, 3304, 3359, 3361, 3459.

Borreria stachydea (DC.) Hutch. et Dalz. — Coll.: BEK 71; BER 3847, 4033, 5548; MAD 3696.

Borreria verticillata (L.) G.F.W. Mey. — Coll.: BER 3536, 3602, 3828, 4942; MAD 1032, 1034, 2686, 3252; RAY 1; SAM 66.

Canthium cornelia Cham. & Schlecht. — Coll.: BER 3221, 4129, 4661; MAD 1421.

Canthium mannii Hiern. — Coll.: MAD 4025.

Canthium multiflorum (Schum. et Thonn.) Hiern. — Coll.: BER 4647, 4655.

Canthium venosum (Oliv.) Hiern. — Coll.: GOU 5; MAD 2913, 3008.

Crossopterix febrifuga (Afz.) Benth. — Coll.: MAD 1483.

Crossopteryx febrifuga (Afzel. ex G. Don) Benth. — Coll.: BA 1203, 1204; BER 4095, 4809; MAD 1095, 1349, 2443, 2908, 3064, 3096, 3111, 3130, 4676; TRA 19.

Dioda serrulata (P. Beauv.) G. Tayl. — Coll.: MAD 3236.

Diodia scandens Sw. — Coll.: BER 5141, 5243.

Diodia serrulata (P. Beauv.) G. Tayl. — Coll.: BER 402, 5618.

Feretia apodanthera Del. — Coll.: BEK 33; MAD 1004, 1061, 1649, 1678, 4090; SAM 11, 413.

Feretia apodanthere . — Coll.: LYK 761.

Gardenia erubescens Stapf et Hutch. — Coll.: BA 1218; BER 4957, 4958; GOU 241, 314; LYK 227; MAD 1367, 1624, 3177; SAM 35.

Gardenia imperialis K. Schum. — Coll.: BER 1489.

Gardenia sokotensis Hutch. — Coll.: MAD 1168, 3320; SAM 314.

Gardenia ternifolia K. Schum. — Coll.: BER 4274, 4282, 4926, 5186; MAD 1682, 3091.

Gardenia triacantha DC. — Coll.: BER 4272, 4276, 4545, 4925; LYK 175, 724, 836.

Ixora brachypoda DC. — Coll.: BER 5136, 5169, 5170; MAD 1511, 1617, 3128, 3151, 4027.

Kohautia grandiflora DC. — Coll.: BER 5537; LYK 507; MAD 2738, 2765, 3385.

Kohautia senegalensis Cham. et Schlecht. — Coll.: BER 3742, 4360, 4902, 5445, 5565; GOU 152; LYK 647; MAD 2014, 2163, 2595, 3442, 3678, 4135, 4327.

Macrosphyra longistyla (DC.) Hiern. — Coll.: GOU 1, 81; LYK 24, 247, 376, 541; MAD 4024.

Mitracarpus hirtus (L.) DC. — Coll.: VAN 10144.

Mitracarpus scaber Zucc. — Coll.: BER 4353, 4845; LYK 374, 514; MAD 2676, 2743, 2805, 3390, 3421, 3838; SAM 482.

Mitragyna inermis (Willd.) O. Ktze. — Coll.: BER 3243, 3981, 4216; LYK 122, 417, 553; MAD 1140, 1703, 2922, 2944, 3009; SAM 456.

Mitragyna stipulosa (DC.) O. Ktze. — Coll.: BER 3045, 4390, 4761; MAD 1554, 1688.

Annexe IV, suite. Espèces du Sénégal dans l'herbier "DAKAR".

Rubiaceae
Morelia senegalensis A. Rich. ex A. DC. — Coll.: BER 4294, 4500; MAD 2913.
Morinda geminata DC. — Coll.: LYK 25, 899; MAD 1507, 1590.
Morinda lucida Benth. — Coll.: MAD 1339.
Neorosea chevalieri (K. Krause) Hallé. — Coll.: BER 4068, 4378, 4465, 4670; MAD 3998, 4349.
Oldenlandia capensis L. — Coll.: BER 4243, 4496, 5639.
Oldenlandia corymbosa L. — Coll.: BER 4030; MAD 3078; VAN 10031, 10108.
Oldenlandia goreensis (DC.) Summerh. — Coll.: BER 3064, 3661, 4737, 5099.
Oldenlandia grandiflora Hiern. — Coll.: BER 3769.
Oldenlandia herbacea (L.) Roxb. — Coll.: BER 3534, 4429.
Oldenlandia lancifolia (Schumach) DC. — Coll.: BER 3065, 4785.
Pavetta cinereifolia Berh. — Coll.: MAD 1579, 1647.
Pavetta oblongifolia (Hiern) Bremek. — Coll.: BA 1235; BER 4458, 5154, 5165; MAD 1365, 1381, 1445, 1530, 2915, 3120, 3168.
Pentodon pentandrus (Schum. et Thon.) Vatke. — Coll.: BER 3499, 5209.
Pouchetia africana A. Rich. ex DC. — Coll.: BER 4614, 5113; GOU 41, 42; LYK 897; MAD 1405, 1495, 1553, 1622, 3057, 4026.
Psychotria bidentata (Schult.) Hiern. — Coll.: VAN 9920.
Psychotria peduncularis (Salib.) Steyerm. — Coll.: VAN 9065.
Psychotria psychotrioides (DC.) Rob. — Coll.: BER 3361, 5191.
Rothmannia whitfieldii (Lindl.) Dandy. — Coll.: BER 4603, 4646; MAD 3117, 4348.
Rytigynia gracillipetiolata (De Wilde) Robyns. — Coll.: BER 5201, 5221.
Rytigynia senegalensis Blume. — Coll.: BER 3244.
Sarcocephalus latifolius (Smith) Bruce. — Coll.: BER 5263; GOU 245; LYK 136; MAD 1564.
Spermacoce radiata (DC.) Sieber ex Hiern. — Coll.: VAN 10055.
Spermacoce stachydea (DC.) H. et Dalz. — Coll.: LYK 335.
Tricalysia okelensis Hiern. — Coll.: MAD 1361, 3999, 4416, 4674.
Vangueriopsis discolor (Benth.) Robyns. — Coll.: BER 4736.
Virectaria multiflora (Sm.) Bremek. — Coll.: BER 4700, 884.
cephaelis peduncularis Salisb. — Coll.: BER 5068, 5079, 5215, 5250.

Rutaceae
Afraegle paniculata Engl. — Coll.: BER 5305.
Fagara rubescens (Planch.) Engl. — Coll.: LYK 132.
Zanthoxylum leprieurii Guill. et Perr. — Coll.: BER 4744; MAD 3819.
Zanthoxylum zanthoxyloides (Lam.) Waterman. — Coll.: BER 3680, 5317; MAD 4053, 4067; TRA 32.

Salicaceae
Salix coluteoides Mirb. — Coll.: BER 4090, 4113, 4114; MAD 3006, 3012.

Salvadoraceae
Salvadora persica L. — Coll.: MAD 2721, 3545.

Samydaceae
Byrsanthus brownii Guill. — Coll.: BER 4317, 4826.

Sapindaceae
Allophylus africanus P. Beauv. — Coll.: GOU 263.
Allophylus cobbe (L.) Raeusch. — Coll.: BER 3678, 4342, 4511, 4536; LYK 12, 73; MAD 1119, 2155, 2511.
Cardiospermum halicacabum L. — Coll.: BEK 52; LYK 662; MAD 1058, 1089, 1122, 2278.

Annexe IV, suite. Espèces du Sénégal dans l'herbier "DAKAR".

Sapindaceae
Dodonaea viscosa Jacq. — Coll.: LYK 675.
Dodonea viscosa Jacq. — Coll.: MAD 1311, 3035.
Lecaniodiscus cupanioides Planch. ex Benth. — Coll.: BER 4464, 5631; GOU 20, 316; MAD 1517, 1599, 1627, 1643, 1673.
Lepisanthes senegalensis (Juss. ex Poir.) Leenh. — Coll.: BA 1232, 1241, 1242; BER 3378, 4542, 5245; LYK 28, 74, 880; MAD 1413, 1419, 1423, 1452, 3021, 3037, 3087, 3166, 3169, 4039, 4054, 4079; SAM 45; TRA 2.
Melicocca bijuga L. — Coll.: BER 322.
Paulinia pinnata L. — Coll.: GOU 90.
Paullinia pinnata L. — Coll.: BER 3662, 3677; GOU 310; MAD 1315, 1500, 1575, 1614, 1700, 2898.
Sapindus saponaria L. — Coll.: BER 5311.
Zanha golungensis Hiern. — Coll.: BER 4516, 4532, 4650.

Sapotaceae
Malacantha alnifolia (Bak.) Pierre. — Coll.: BER 3433, 3893, 4557, 4962; MAD 1503, 1510, 1518, 1585, 1625.
Manilkara multinervis (Bak.) Dubard. — Coll.: BER 4602; MAD 1515, 1523, 1675, 4021.
Pachystela pobeguiniana Pierre ex Lecomte. — Coll.: GOU 299, 78, 82; MAD 1549.
Vitellaria paradoxa Gaertn. f. — Coll.: BER 4590; MAD 1482, 1504, 1637.

Schizaeaceae
Lygodium microphyllum (Cav.) R. Br. — Coll.: BER 5195.

Scrophulariaceae
Alectra sessiliflora (Vahl.) O. Ktze. — Coll.: BER 1609, 5202.
Bacopa floribunda (R. Br.) Wettst. — Coll.: BER 3933, 4430, 4718, 5044, 5439; MAD 3813, 3971.
Bacopa hamiltoniana (Benth.) Wettst. — Coll.: BER 2957, 2980, 4431.
Buchnera hispida Buch.-Ham. — Coll.: BER 4923, 5531; MAD 2882.
Buchnera leptostachya Benth. — Coll.: BER 4439, 4659.
Craterostigma schweinfurthii Engl. — Coll.: BER 3068, 4409.
Dopatrium senegalense Benth. — Coll.: BER 3284.
Limnophila barteri Skan. — Coll.: BER 4392.
Linaria sagittata (Poir.) Hook. f. — Coll.: BER 3432, 3600.
Micrargeria filiformis (Schum. et Thonn.) Hutch. et Dalz. — Coll.: BER 4774.
Rhamphicarpa fistulosa (Hochst.) Benth. — Coll.: BER 3260, 3282; MAD 2034.
Scoparia dulcis L. — Coll.: BER 4903; LYK 650, 798; MAD 1030, 1388, 2499, 3032, 4183; SAM 453.
Striga asiatica (L.) O. Ktze. — Coll.: BER 3022, 3030.
Striga aspera Benth. — Coll.: BER 3172, 3741.
Striga bilabiata (Th.) O. Ktze. — Coll.: BER 1630; MAD 1596, 2681.
Striga gesnerioides Vatke. — Coll.: BER 3515, 3669, 5397.
Striga hermonthica (Del.) Benth. — Coll.: BER 3926, 3964, 4398, 4522, 4852.
Striga macrantha (Benth.) Benth. — Coll.: BER 4077.
Striga passargei Engl. — Coll.: BER 3158.
Torenia thouarsii (Cham. et Schlechtend.) O. Ktze. — Coll.: BER 5096, 5192.

Simarubaceae
Hunnoa undulata (G. et Perr.) Planch. — Coll.: GOU 273; SAM 43
Quassia undulata (Guill. & Perr.) D. Dietz. — Coll.: BER 2967, 4062, 4140, 4797, 4833, 4935; LYK 828; MAD 2909, 4075.
Smilaceae
Smilax kraussiana Meissn. — Coll.: BER 4714.

Annexe IV, suite. Espèces du Sénégal dans l'herbier "DAKAR".

Solanaceae
Datura fastuosa L. — Coll.: BER 3424, 4284.
Physalis angulata L. — Coll.: BEK 74; LYK 595; MAD 2784, 3785, 4004; SON 213.
Physalis micrantha Link. — Coll.: BER 3612, 3829, 4252, 4673.
Schwenckia americana L. — Coll.: BER 3642, 5212; MAD 3251, 3267.
Solanum aculeatisimum Jacq. — Coll.: BER 3616, 4769; LYK 760.
Solanum incanum L. — Coll.: BER 3205; MAD 4069.
Solanum nigrum L. — Coll.: BER 4231; MAD 1301.

Sphenocleaceae
Sphenoclea dalzielii N. E. Br. — Coll.: BER 3262.
Sphenoclea zeylanica Gaertn. — Coll.: BER 3765, 3975; MAD 1176, 2491, 2699, 3800.

Sterculiaceae
Cola cordifolia (Cav.) R. Br. — Coll.: BA 1263; GOU 1294; MAD 1336, 1476, 1521, 3088, 3147; SAM 46.
Cola laurifolia Mast. — Coll.: BER 3234, 4303, 4335; MAD 1529.
Dombeya quinqueseta (Del.) Exell. — Coll.: BA 1262; BER 4285; GOU 270, 332; MAD 1138, 3162, 3180.
Melochia corchorifolia L. — Coll.: BER 3389, 4039; LYK 558, 583; MAD 2159, 2239, 2239, 3322.
Melochia melissifolia Benth. — Coll.: BER 4354, 5255; LYK 679; MAD 2105, 2504, 3743.
Sterculia setigera Del. — Coll.: GOU 61; MAD 1479, 1658, 2910, 3066.
Sterculia tragacantha Lindl. — Coll.: GOU 18; MAD 4024, 4087.
Waltheria indica L. — Coll.: BER 3085, 4013, 4901, 5009; MAD 1037, 1298, 2019, 2168, 2225, 2807, 3135, 3339, 3504.
Waltheria lanceolata R. Br. et Mast. — Coll.: BER 4652; MAD 3645, 3937, 4623.

Taccaceae
Tacca leontopetaloides (L.) Kuntze. — Coll.: BER 3141; MAD 3221, 3240.

Tamaricaceae
Tamarix senegalensis DC. — Coll.: BER 3940; LYK 72; MAD 1044, 2698, 2718, 3560; SON 226.

Thelypteridaceae
Ampelopteris prolefera (Retz.) Copel. — Coll.: BER 4752, 5041, 5061.
Cyclosorus dentatus (Forsk.) Ching. — Coll.: MAD 3881.
Cyclosorus goggilodus (Schk.) Link. — Coll.: BER 1212, 4391, 4753, 5036, 5158, 5184.
Cyclosorus striatus (Schum.) Cop. — Coll.: BER 4754, 5206, 5220.

Thymeleaceae
Gnidia foliosa (Pears.) Gilg. ex Engl. — Coll.: BER 4089, 4109, 4591.

Tiliaceae
Christiana africana DC. — Coll.: BER 3236, 4119, 4803.
Corchorus aestuans L. — Coll.: BER 3535, 3745; MAD 2033, 2137, 3956; VAN 10096.
Corchorus fascicularis Lam. — Coll.: BER 4331.
Corchorus olitorius L. — Coll.: BER 4045; MAD 2427, 3810, 3960.
Corchorus tridens L. — Coll.: BEK 51; BER 3747, 3992; LYK 119; MAD 2006, 2086, 3757, 3938; VAN 10097.
Corchorus trilocularis L. — Coll.: BER 3436.
Grewia bicolor Juss. — Coll.: BEK 118; BER 5355; GOU 73; MAD 1005, 3161; SAM 20, 470.
Grewia flavescens Juss. — Coll.: BEK 23; GOU 252; MAD 1011; SAM 16.

Annexe IV, suite. Espèces du Sénégal dans l'herbier "DAKAR".

Tiliaceae
Grewia lasiodiscus K. Schum. — Coll.: BER 3225.
Grewia tenax (Forsk.) Fiori. — Coll.: BER 3456; MAD 1470, 1584.
Grewia villosa Willd. — Coll.: BER 3427; MAD 1023.
Triumfetta cordifolia A. Rich. — Coll.: BER 5152; MAD 1307; VAN 10204.
Triumfetta heudelotii Planch. ex Mast. — Coll.: BER 4562.
Triumfetta pentandra A. Rich. — Coll.: BER 3709, 3946, 3996; ERV 109; LYK 502; VAN 10100.
Triumfetta rhomboidea Jacq. — Coll.: BER 4589, 5542; VAN 10140.

Turneraceae
Wormskioldia pilosa (Willd.) Schweinf. ex Urb. — Coll.: BER 5367.

Ulmaceae
Celtis integrifolia Lam. — Coll.: LYK 598; MAD 1179, 1427, 2874, 2875, 4003.
Trema orientalis (L.) Blume. — Coll.: BER 3672, 4473, 5082; MAD 1319, 1364, 4415.

Urticaceae
Laportea aestuans (L.) Gaud. ex Miq. — Coll.: BER 3392; MAD 3241, 3877.
Pouzolzia dentata C. B. Robinson. — Coll.: MAD 2823.
Pouzolzia denudata . — Coll.: MAD 2907.
Pouzolzia guineensis Benth. — Coll.: BER 3363, 5462, 5485; GOU 195; LYK 381, 658, 705; MAD
    2616, 2626, 3287, 3640, 3680, 3805, 3913.

Vahliaceae
Bistella dichota (Murr.) Bullock. — Coll.: BER 4241.

Verbenaceae
Avicennia africana P. Beauv. — Coll.: LYK 29, 860; MAD 2768, 2799, 3019, 3246, 4062.
Citharexylum spinosum L. — Coll.: BER 3411.
Clerodendron capitatum (Willd.) S. et th. — Coll.: LYK 172, 380.
Clerodendrum acerbianum (Vis.) Benth. et Hook. — Coll.: BER 4080, 4094; MAD 1068, 2947.
Clerodendrum capitatum (Willd.) Schum. & Thonn. — Coll.: BER 3157, 5323; MAD 2744, 2759,
    2778, 3918.
Clerodendrum sinuatum Hook. — Coll.: BER 3087, 3088, 3089, 5508.
Clerodendrum volubile P. Beauv. — Coll.: BER 4784, 5035.
Gmellia arborea Roxb. — Coll.: LYK 441.
Lantana camara L. — Coll.: BER 4868; LYK 655; MAD 2792.
Lantana rhodesiensis Moldenke. — Coll.: MAD 2311.
Lantana viburnoides (Forsk.) Vahl. — Coll.: BER 2953, 3289; MAD 3752.
Lawsonia inermis L. — Coll.: LYK 22; MAD 3533; SON 222.
Lippia chevalieri Moldenke. — Coll.: BER 2965, 3885, 4527, 4578; LYK 229; MAD 1174, 2573,
    2757, 2925, 4465, 4714.
Phyla nodiflora (L.) Gaertn. — Coll.: BER 3385; LYK 686; MAD 1033, 1296; TRA 36.
Stachytarpheta angustifolia (Mill.) Vahl. — Coll.: BER 4086, 4234, 4316; MAD 1697, 2542, 2965.
Tectona grandis L. f. — Coll.: BER 3910; MAD 2026.
Vitex doniana Sw. — Coll.: BER 4981; MAD 1516; SAM 62.
Vitex madiensis Oliv. — Coll.: BER 4069, 4954; LYK 241; MAD 1371, 1468, 1558, 1611, 1631; SAM
    412; TRA 8.

Vitaceae
Ampelocissus africana (Lour.) Merr. — Coll.: BER 3145, 3152.
Ampelocissus leonensis (Hook. f.) Planch. — Coll.: BER 3090; MAD 3817.

Annexe IV, suite. Espèces du Sénégal dans l'herbier "DAKAR".

Vitaceae
Ampelocissus pentaphylla (G. et Perr.) Gilg. et Brandt. — Coll.: BER 5343.
Caryatia gracilis (Guill. & Perr.) Suensseng. — Coll.: MAD 3220, 3682; VAN 10147.
Cayratia gracilis (Guill. et Perr.) Suess. — Coll.: BER 5379; MAD 3254, 3292.
Cissus gracilis G. et Perr. — Coll.: LYK 324, 353, 365.
Cissus populnea G. et Perr. — Coll.: BER 3858; LYK 27; MAD 3314.
Cissus quadrangularis L. — Coll.: MAD 4063.
Cissus rufescens G. et Perr. — Coll.: LYK 204.
Cissus waterlotii A. Chev. — Coll.: LYK 255.
Cyphostemma adenocaule (Steud. A. Rich.) Descoings. — Coll.: BER 3128, 3144, 3830.
Cyphostemma vogelii (Hook. f.) Descoings. — Coll.: BER 1715, 4782, 5381; LYK 458; MAD 1608, 1660, 3894.
Cyphostemma waterlotii (A. Chev.) Descoings. — Coll.: BER 2962.

Xyridaceae
Xyris anceps Lam. — Coll.: BER 4611, 4720, 5089; MAD 4086.
Xyris barteri N. E. Br. — Coll.: BER 4412, 4731.

Zingiberaceae
Aframomum elliotii (Bak.) K. Schum. — Coll.: BER 5050, 5174.
Costus afer Ker-Gawl. — Coll.: GOU 324, 33; MAD 3882.
Costus spectabilis K. Schum. — Coll.: BER 3150.
Kaempferia aethiopica Benth. — Coll.: BER 3728; MAD 1664, 1691, 1696.

Zygophyllaceae
Balanites aegyptiaca (L.) Del. — Coll.: BEK 6; MAD 3483; SAM 545, 80.
Tribulus terrestris L. — Coll.: BEK 107; MAD 2133, 2831, 3389, 3411, 3462, 3571, 4161.

ABRÉVIATIONS DES COLLECTEURS[3]
BÂ = A. T. Bâ
BER = R. P. Bérhaut
BEK = K. Bernth & N. Svendsen
CAI.= M. Caillods
ERV = F. Ervik
GOU = A. Goudiaby
LAEG. = S. Laegaard
LYK. A. M. Lykke
MAD. = J. E. Madsen et al.
RAY = J. & A. Raynal
SAM. = B. Sambou et al
SON. = I. Sonko
THO.= D. Thoen
TRA. = S. A. Traoré
VAN.= C. Vanden Berghen

---

[3] Seul les noms des collecteurs introduits dans la banque de données "*Flora*"ont été pris en compte dans l'élaboration de l'Annexe IV.

REPORTS FROM THE BOTANICAL INSTITUTE, UNIVERSITY OF AARHUS
Price: 78 DKr per issue (13 USD). Residents of the EU should add 25% Danish VAT.

1. **B. Riemann:** Studies on the Biomass of the Phytoplankton. 1976.
2. **B. Løjtnant & E. Worsøe:** Foreløbig status over den danske flora. 1977. Out of print.
3. **A. Jensen & C. Helweg Ovesen (Eds.):** Drift og pleje af våde områder i de nordiske lande. 1977. 190 p. Out of print.
4. **B. Øllgaard & H. Balslev:** Report on the 3rd Danish Botanical Expedition to Ecuador. 1979. 141 p.
5. **J. Brandbyge & E. Azanza:** Report on the 5th and 7th Danish-Ecuadorean Botanical Expeditions. 1982. 138 p.
6. **J. Jaramillo-A. & F. Coello-H.:** Reporte del Trabajo de Campo, Ecuador 1977—1981. 1982. 94 p.
7. **K. Andreasen, M. Søndergaard & H.-H. Schierup:** En karakteristik af forureningstilstanden i Søbygård Sø — samt en undersøgelse af forskellige restaureringsmetoders anvendelighed til en begrænsning af den interne belastning. 1984. 164 p.
8. **K. Henriksen (Ed.):** 12th Nordic Symposium on Sediments. 1984. 124 p.
9. **L. B. Holm-Nielsen, B. Øllgaard & U. Molau (Eds.):** Scandinavian Botanical Research in Ecuador. 1984. 83 p.
10. **K. Larsen & P. J. Maudsley (Eds.):** Proceedings. First International Conference. European-Mediterranean Division of the international Association of Botanic Gardens. Nancy 1984. 1985. 90 p.
11. **E. Bravo-Velasquez & H. Balslev:** Dinámica y adaptaciones de las plantas vasculares de dos ciénagas tropicales en Ecuador. 1985. 50 p.
12. **P. Mena & H. Balslev:** Comparación entre la Vegetación de los Páramos y el Cinturón Afroalpino. 1986. 54 p.
13. **J. Brandbyge & L. B. Holm-Nielsen:** Reforestation of the High Andes with Local Species. 1986. 106 p.
14. **P. Frost-Olsen & L. B. Holm-Nielsen:** A Brief Introduction to the AAU - Flora of Ecuador Information System. 1986. 39 p.
15. **B. Øllgaard & U. Molau (Eds.):** Current Scandinavian Botanical Research in Ecuador. 1986. 86 p.
16. **J. E. Lawesson, H. Adsersen & P. Bentley:** An Updated and Annotated Check List of the Vascular Plants of the Galapagos Islands. 1987. 74 p.
17. **K. Larsen:** Botany in Aarhus 1963 - 1988. 1988. 92 p.

AAU REPORTS:

Price: 78 DKr per issue (13 USD). Residents of the EU should add 25% Danish VAT.

18. Tropical Forests: Botanical Dynamics, Speciation, and Diversity. Abstracts of the AAU 25th Anniversary Symposium. Edited by **F. Skov & A. Barfod.** 1988. 46 pp.
19. Sahel Workshop 1989. University of Aarhus. Edited by **K. Tybirk, J. E. Lawesson & I. Nielsen.** 1989.

20. Sinopsis de las Palmeras de Bolivia. By **H. Balslev & M. Moraes.** 1989. 107 pp.
21. Nordiske Brombær (Rubus sect. Rubus, sect. Corylifolii og sect. sect. Caesii). By **A. Pedersen & J. C. Schou.** 1989. 216 pp.
22. Estudios Botánicos en la "Reserva ENDESA" Pichincha - Ecuador. Editado por **P. M. Jørgensen & C. Ulloa U.** 1989. 138 pp.
23. Ecuadorean Palms for Agroforestry. By **H. Borgtoft Pedersen & H. Balslev.** 1990. 120 pp
24. Flowering Plants of Amazonian Ecuador - a checklist. By **S. S. Renner, H. Balslev & L. B. Holm-Nielsen,** 1990. 220 pp.
25. Nordic Botanical Research in Andes and Western Amazonia. Edited by **S. Lægaard & F. Borchsenius,** 1990. 88 pp.
26. HyperTaxonomy - a computer tool for revisional work. By **F. Skov,** 1990. 75 pp.
27. Regeneration of Woody Legumes in Sahel. By **K. Tybirk,** 1991. 81 pp.
28. Régénération des Légumineuses ligneuses du Sahel. By **K. Tybirk,** 1991. 86 pp.
29. Sustainable Development in Sahel. Edited by **A. M. Lykke, K. Tybirk & A. Jørgensen,** 1992. 132 pp.
30. Arboles y Arbustos de los Andes del Ecuador. By **C. Ulloa Ulloa & P. M. Jørgensen,** 1992. 264 pp.
31. Neotropical Montane Forests. Biodiversity and Conservation. Abstracts from a Symposium held at The New York Botanical Garden, June 21–26, 1993. Edited by **Henrik Balslev,** 1993, 110 pp.
32. THE SAHEL: Population. Integrated Rural Development Projects. Research Components in Development Projects. Proceedings of the 6th Danish Sahel Workshop, 6—8 January 1994. Edited by **Annette Reenberg & Birgitte Markussen.** 1994. 171 pp.
33. The Vegetation of *Delta du Saloum* National Park, Senegal. By **A. M. Lykke,** 1994. Pp. i—v, 1—88.
34. Seed Plants of the High Andes of Ecuador - a checklist. By **Peter M. Jørgensen & Carmen Ulloa Ulloa,** 1994. Pp. i—x, 1—443.
35. The Mosses of Amazonian Ecuador. By **StevenP. Churchill,** 1994. Pp. i—iv, 1—211.
36. Plant Diversity in Forests of Western Uganda and Eastern Zaire (Preliminary Results). By **Axel Dalberg Poulsen,** 1997. Pp. i—iv, 1—76.
37. Manual to the Palms of Ecuador. By **F. Borchsenius, H. B. Pedersen & H. Balslev.** Pp. i—x, 217.
38. Guide de l'Herbier "DAKAR". Avec un inventaire réalisé en Mars 1996 et une liste des collection de J. Bérhaut. By **A. T. Bâ, J. E. Madsen & B. Sambou.** Pp. i—vi, 1—100.
39. Atelier sur Flore, Végétation et Biodiversité au Sahel. By **A. T. Bâ, J. E. Madsen & B. Sambou (eds).** Pp. i—xi, 1—310.

Ordering information:

The **REPORTS FROM THE BOTANICAL INSTITUTE, UNIVERSITY OF AARHUS** and the **AAU Reports** are available from:

Aarhus University Press
Ole Worms Allé, bygn. 170, Aarhus University
DK-8000 Aarhus C., DENMARK
Phone (+45) 8619 7033 • Fax (+45) 8619 8433 • E-mail: ht@unipress.aau.dk
Web-page: http://www.aau.dk/unipress/

Means of payment:

Post Office Giro: This service is available in most European and a number of overseas countries. Our postal giro account number is 7 41 69 54, Copenhagen.

Bank Transfer: Payment may be made by regular bank draft or via SWIFT, the electronic bank transfer system. Our bankers are Den Danske Bank, University Branch, Langelandsgade, DK-8200 Aarhus N, Denmark, and have swiftcode COCO DK. Payment should be made to account no. 4809 4620 219 703.

Checks: All checks must be made out to Aarhus University Press. Checks are accepted without surcharge if issued in US$ (USD), £ Sterling (GBP), European Currency Units (ECU) or Danish kroner (DKK). For checks in other currencies, 30 DKK (5USD) must be added to cover bank charges.

Diners Club: We accept payment by Diners Club Card. Send us your name as it appears on the card, your account number and expiry date.

Please always state your account and invoice number when making a payment.
Terms of payment: within 60 days of invoice date.

Distribution in Great Britain:
Lavis Marketing, 73 Lime Walk, GB-Headington, Oxford OX3 7AD.
Tel. (+44) 1 865 67 575. Fax (+44) 1 865 750 079
Distribution in U.S.A. and Canada:
The David Brown Book Company, P.O.Box 511, Oakville, CT 06779, USA.
Tel. (+1) 800 791 9354 or (+1) 800 945 9329. Fax (+1) 203 945 9368
E-mail: oxbow@patrol.i-way.co.uk

BOOK DATA
All Aarhus University Press publications are contained in Book Data's database. Comprehensive information on all new and backlist titles is available at short notice, using any search criteria you choose.
For full details of Book Data's services, please contact Book Data, Northumberland House, 2 King St., Twickenham TW1 3RZ, UK; tel. (+44) 81 892 2272; fax (+44) 81 892 9109.